DISCOVER WHY EVERYONE LOVES THE
One Minute Myster

Selected to the Outstanding
for Students K-12 list

Gold medal recipient for the Gelett Burgess Children's Book Award for outstanding contributions to children's literature.

"Remarkable! The bite-sized nature of the mysteries, with kids who act as both sleuths and problem-solvers, keeps readers hungry for more."

Awarded Book of the Year by educators and moms from *Creative Child Magazine*.

The reliable source for parents and professionals looking for the best products for children.

"The perfect treat for any science or reading classroom!"

Selected by Library Media Connection as an exceptional title for school libraries.

Science	**More Science**	**Math**
ISBN 13: 978-0-9678020-1-5	*ISBN 13: 978-1-9384920-0-6*	*ISBN 13: 978-0-9678020-0-8*
Ages 8-12	*Ages 8-12*	*Ages 10-14*

All titles in paperback ($12.95) and E-book ($11.99) format.
Bilingual (English/Spanish) editions also available.
Select titles in Korean, Chinese, and Braille.

ENJOY THE COMPLETE SERIES
DISFRUTE LA SERIE COMPLETA

One Minute Mysteries

65 Short Mysteries You Solve with Math!

65 Short Mysteries You Solve with Science!

65 More Short Mysteries You Solve with Science!

More Short Mysteries You Solve with Science!
*!Más misterios cortos que resuelves con ciencias!**

Short Mysteries You Solve with Math!
*¡Misterios cortos que resuelves con matemáticas!**

Eric Yoder and Natalie Yoder

Available as paperbacks and E-books
Disponible en edición rústica y versión electrónica

* These books contain most of the mysteries found in the English editions.
* *Estos libros contienen la mayoría de los misterios que se hayan en las ediciones en Inglés.*

All characters in this book are the product of the authors' imaginations and are not real people. Any resemblance to those living now or in the past is, well . . . a mystery.

Todos los personajes en este libro son el producto de la imaginación de los autores y no son personas reales. Cualquier semejanza a personas vivas o del pasado es, bueno . . . un misterio.

One Minute Mysteries:
More Short Mysteries You Solve with Science!

Misterios de un minuto:
¡Más misterios cortos que resuelves con ciencias!

Eric Yoder & Natalie Yoder

Science, Naturally!
Washington, D.C.

One Minute Mysteries: More Short Mysteries You Solve with Science!
Misterios de un Minuto: ¡Más Misterios Cortos que Resuelves con Ciencias!

First Edition • August 2016 • ISBN 13: 978-1-938492-15-0 • ISBN 10: 1-9384921-5-3
E-book • August 2016 • ISBN 13: 978-1-938492-16-7 • ISBN 10: 1-9384921-6-1
Excerpted from *One Minute Mysteries: 65 More Short Mysteries You Solve With Science!*
by Eric Yoder and Natalie Yoder
ISBN 13: 978-1-9384920-0-6 • ISBN 10: 1-9384920-0-5
Published in the United States by:
Science, Naturally! LLC
725 8th Street, S.E. • Washington, D.C. 20003
202-465-4798 • Toll-free: 1-866-SCI-9876 (1-866-724-9876)
Fax: 202-558-2132
Info@ScienceNaturally.com • www.ScienceNaturally.com

Distributed to the book trade in the United States by:
National Book Network
301-459-3366 • Toll-free: 800-462-6420
Fax: 800-338-4550
CustomerCare@NBNbooks.com • www.NBNbooks.com

Book Design: Linsey Silver, Element 47 Design, Washington, D.C.
Cover Design and Section Illustrations: Linsey Silver, Element 47 Design, Washington D.C.
Andrew Barthelmes, Peekskill, N.Y.

Library of Congress Cataloging-in-Publication Data

Names: Yoder, Eric, author. | Yoder, Natalie, 1993- author. | Bachelet, Esteban, translator. | Yoder, Eric. One minute mysteries. | Yoder, Eric. One minute mysteries. Spanish. | Yoder, Eric. One minute mysteries.
Title: One minute mysteries : more short mysteries you solve with science! = Misterios de un minuto : ¡más misterios cortos que resuelves con ciencias! / Eric Yoder & Natalie Yoder ; translator, Esteban Bachelet.
Other titles: Misterios de un minuto | More short mysteries you solve with science! | ¡Más misterios cortos que resuelves con ciencias!
Description: Bilingual edition. | Washington, DC : Science, Naturally!, [2016] | Series: One minute mysteries | "Excerpted from One minute mysteries : 65 more short mysteries you solve with science!" | Text in English and Spanish. | Audience: Ages 8-12.- | Audience: Grades 4-8.- | Includes index.
Identifiers: LCCN 2015043248 (print) | LCCN 2015046591 (ebook) | ISBN 9781938492150 (pbk.) | ISBN 1938492153 (pbk.) | ISBN 9781938492167 (e-book) | ISBN 1938492161 (e-book)
Subjects: LCSH: Science--Methodology--Juvenile literature. | Science--Miscellanea--Juvenile literature. | Science--Study and teaching (Middle school)--Juvenile literature. | Detective and mystery stories.
Classification: LCC Q175.2 .Y63 2016 (print) | LCC Q175.2 (ebook) | DDC 500--dc23
LC record available at http://lccn.loc.gov/2015043248

10 9 8 7 6 5 4 3 2 1

Supporting and Articulating Curriculum Standards

All *Science, Naturally* books align with both the Common Core State Standards and the Next Generation Science Standards. The content in *Science, Naturally* books also correlates directly with the math and science standards laid out by the Center for Education at the National Academies. Articulations are available at

ScienceNaturally.com

Table of Contents | *Tabla de contenido*

Life Science
Ciencias Naturales

Earth and Space Science
Ciencias Terrestres y del Espacio

Physical and Chemical Science
Ciencias Físicas y Químicas

General Science
Ciencias Generales

Mathematics Bonus Section
Suplemento Especial de Matemáticas

Why I Write This Book

by Eric Yoder

This book began with stories I wrote just for the fun of it. I was hoping to spur my daughter Natalie's interest in science and help her see that science is far more than academic. I wanted to emphasize its widespread, real-life applications—that is, that we can all be scientists in daily life. Mysteries seemed to be the perfect vehicle.

Soon she started writing stories on her own to try to stump me. After we had accumulated a number of them between us, it became clear that the stories could be the basis of a book. From that point, we wrote side by side, typically with one of us getting the original idea—usually from something we observed in everyday life—and developing it together. Those sessions were springboards for many discussions, and not just about science. If you want to get to know someone, write a book with them!

Natalie also kept the behavior and dialogue of the characters authentic; how far off track my suggestions were directly correlated to how much her eyes rolled.

We hope that you enjoy reading these mysteries as much as we enjoyed writing them!

Why I Wrote This Book

by Natalie Yoder

When I'm not playing sports, cleaning my room, spending time with my friends, or working on homework, I write with my dad. I started writing stories when I was about eight. My favorite genre was mysteries, so, of course, my first stories were mysteries.

One day, my dad came to me and asked if I'd like to work with him on a book—and get it published! I thought that would be really cool! At first I was a little worried about how much work it would be, but once I got into it, it was really fun.

First, we had to think of ideas for our mysteries. Then we had to write so many of them. Lots of times we were just stuck, wondering how we were going to come up with yet another idea. We ended up with this really weird technique. We stared at a dead spider on the ceiling above my dad's desk for hours and hours. I don't know why, but just staring at the spider gave us ideas.

Even though the writing process was hard, in the end it was all worth it. Writing stories helped me express myself and even helped me get closer to my dad. I think everyone has stories inside of them. Whatever they are, you should think about writing them down.

Natalie

Por qué escribí este libro

por Eric Yoder

Este libro empezó con cuentos que escribí solo por diversión. Tenía la esperanza de atraer el interés de mi hija Natalie hacia la ciencia y ayudar a que se diera cuenta de que la ciencia es mucho más que un asunto académico. Quería destacar las aplicaciones amplias y reales de la ciencia - es decir, que todos podemos ser científicos en la vida diaria. El género de misterios me pareció ser el mejor medio.

En poco tiempo ella empezó a escribir sus propios cuentos en un esfuerzo por ganarme. Después que habíamos acumulado una variedad de cuentos entre los dos, nos quedó claro que los cuentos podrían ser la base de un libro. Desde ese momento, escribimos en conjunto, generalmente cada uno de nosotros pensaba en una idea original—típicamente algo que observamos en la vida diaria—que luego desarrollamos juntos. De esas sesiones surgieron muchas conversaciones, y no solo sobre las ciencias. ¡Si uno quiere llegar a conocer a alguien, recomiendo escribir un libro con ellos!

Natalie también mantuvo la autenticidad del comportamiento y diálogo de los personajes; desarrolló una relación directa entre cuán descarriladas eran mis ideas y cuánto ella rodaba los ojos.

¡Esperamos que disfruten leyendo estos misterios tanto como nosotros disfrutamos escribiéndolos!

Eric

Por qué escribí este libro

por Natalie Yoder

Cuando no estoy jugando deportes, limpiando mi cuarto, disfrutando con mis amigos o haciendo mis tareas, estoy escribiendo con mi papá. Empecé a escribir cuentos cuando tenía ocho años. Mi género favorito eran los misterios, así que, por supuesto, mis primeros cuentos fueron misterios.

Un día, mi papá se me acercó y me preguntó si quería escribir un libro con él y ¡publicarlo! Pensé, "¡qué chévere!". Al principio estaba un poco preocupada sobre cuánto trabajo sería, pero una vez empecé, resultó muy divertido.

Primero tuvimos que pensar en ideas para nuestros misterios. Después tuvimos que escribir montones de ellos. Muchas veces nos estancamos, preguntándonos cómo se nos ocurriría otra idea. Acabamos con una técnica súper extraña. Nos quedábamos mirando una araña muerta en el techo sobre el escritorio de mi papá por horas y horas. No sé por qué, pero al solo mirar la araña, se nos ocurrían ideas.

Aunque el proceso de escribir fue difícil, al final valió la pena. El escribir cuentos me ayudó a expresarme, y a acercarme más a mi papá. Creo que todos tenemos cuentos dentro de nosotros mismos. Sean lo que sean, debes considerar escribirlos.

Natalie

Life Science

Ciencias Naturales

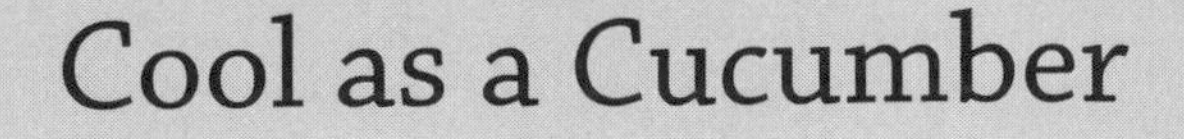

Cool as a Cucumber

When Alex and Iona planted a vegetable garden the previous year, their dog, Trevor, discovered how much he liked to jump over the barrier and destroy the plants. Cucumbers were Trevor's favorite. He would get at the cucumbers just as they were starting to ripen. Pulling the young cucumbers off their vines, he would stretch out in the sunshine of the yard and eat them.

Now it was time to plant this year's garden, so Alex and Iona went with their father to the hardware store to pick up seeds and fertilizer.

"I have an idea," Alex said, disappearing down a hardware aisle. He came back with some wooden stakes and a roll of the fine wire mesh used for window screens. *"What do you plan to do with those things?"* their father asked.

"I'm going to build a cage to protect the cucumber plants," Alex said. *"I'll make it strong and have the plants totally covered, all the way around from the ground and across the top. Then there will be no way Trevor can get at the cucumbers."*

"I'm afraid if you do that, we still won't have cucumbers on our salads this year," Iona said.

"The plants will still get water and sunshine. That's all they need to grow, isn't it?" Alex wondered.

"That's all the plants need, sure. But to grow cucumbers, they also need something else."

"What could that be?"

Fresco como un pepino

Cuando Alex e Iona sembraron un jardín de vegetales el año pasado, su perro Trevor descubrió cuánto le gustaba saltar la cerca y destruir las plantas. Los pepinos eran sus favoritos. Llegaba a ellos justo cuando empezaban a madurar. Trevor se estiraba en el patio al calor del sol, arrancaba los pepinos jóvenes de las plantas, y se los comía.

Ahora era el momento de sembrar el jardín de este año, por lo cual Alex e Iona fueron a la ferretería con su papá a comprar semillas y abono.

—*Tengo una idea* —dijo Alex, desapareciendo por un pasillo de la ferretería. Regresó con unas estacas de madera y una tela metálica para mosquitos—. *¿Qué piensas hacer con esas cosas?* —preguntó su padre.

—*Voy a construir una jaula para proteger los pepinos* —dijo Alex—. *La haré fuerte y cubriré las plantas por completo, todo alrededor, desde el suelo y pasando por encima. Entonces no habrá manera de que Trevor alcanze los pepinos.*

—*Me parece que si haces eso, igual no tendremos pepinos en nuestras ensaladas este año* —dijo Iona.

—*Las plantas seguirán recibiendo agua y sol. Eso es todo lo que necesitan para crecer, ¿no?* —preguntó Alex.

—*Eso es lo único que las plantas necesitan, claro. Pero para que los pepinos crezcan, necesitan algo más.*

—*¿Qué puede ser?*

Cool as a Cucumber

"The plants would start to grow," Iona said, *"but for the plants to produce cucumbers, they first put out flowers. Those flowers need to be pollinated, and insects do that.*

"If there is no way for the insects to get to the flowers to pollinate them, the cucumbers won't grow. Let's get a kind of wire mesh that has holes big enough to let insects in, but that will still keep Trevor out."

—Las plantas crecerían —dijo Iona—, pero para que las plantas produzcan pepinos, primero necesitan florecer. Esas flores deben ser polinizadas, y eso lo hacen los insectos.

—Si los insectos no pueden llegar a las flores para polinizarlas, los pepinos no crecerán. Mejor usemos una tela metálica que tenga hoyos lo suficientemente grandes para permitir que los insectos pasen, pero mantener a Trevor fuera.

Whale of a Time

"I'm so happy that we decided to take this whale-watching tour!" Matt managed to yell to his parents over the sound of the engine as the boat moved rapidly through the waters of the Atlantic Ocean.

They had agreed to take him on the tour after he had been studying biology the whole year. He had a passion for learning about marine animals and wanted to see them in the wild. His little sister Abigail had come along, too.

The boat slowed down and the engine finally stopped. The captain came out on the deck and joined them.

"We're in their migration route. Keep watching," he said, and went back to the controls.

After a long time had passed, Matt started worrying that they would never see any whales. The captain had said there was no guarantee, but then he suddenly called the passengers to join him in the control room.

"Look at this," he said, pointing to a screen with large dots on it. *"This is sonar, which uses sound to detect anything in water. There are whales headed our way."*

Abigail said, *"But fish can just stay under the water. Maybe they'll never come up and we won't see them."*

"Let's go out on the deck to watch. They'll come up," Matt said.

"What makes you so sure?" she asked.

Pasándola ballena

—*¡Estoy tan feliz que decidimos tomar esta excursión para observar ballenas!* —le gritó Matt a sus padres sobre el ruido del motor del barco que se movía rápidamente por las aguas del Océano Atlántico.

Habían acordado llevarlo en la excursión después de que había estado estudiando biología durante todo un año. Estaba apasionado con los animales marinos, y quería verlos en su ambiente natural. Su hermana menor Abigaíl también los acompañaba.

El barco empezó a desacelerar, hasta que el motor se apagó. El capitán salió a la cubierta y se unió a ellos.

—*Estamos en su ruta de migración. Sigan observando* —dijo, y volvió a la cabina de mando.

Luego de que pasara bastante tiempo, a Matt le empezó a preocupar que no verían ni una ballena. El capitán había dicho que no había garantía, pero de pronto invitó a los pasajeros a la cabina de mando.

—*¡Miren esto!* —dijo, mostrándoles una pantalla con grandes puntos—. *Este equipo es sonar; emite sonidos para detectar cualquier cosa en el agua. Se nos acercan unas ballenas.*

Abigaíl dijo —*pero los peces se quedan bajo el agua. Es posible que nunca salgan a la superficie y no las veamos.*

—*Vayamos a la cubierta del barco a mirar. Ellas saldrán a la superficie* —dijo Matt.

—*¿Qué te hace estar tan seguro?* —preguntó Abigaíl.

Whale of a Time

"Whales aren't fish," Matt said. *"They're mammals and they breathe air. They can hold their breath for a long time, but eventually they have to come to the surface for fresh air. When they take a breath they first blow out the old air, sending some water up with it. That's what we can look for. Fish, on the other hand, get their oxygen from the water through gills, so they don't need to come up for air."*

Pasándola ballena

—Las ballenas no son peces —dijo Matt—. *Son mamíferos, y respiran aire. Pueden aguantar la respiración bajo el agua por mucho tiempo, pero eventualmente deben salir a la superficie para respirar aire fresco. Cuando respiran, primero expulsan el aire de sus pulmones junto con un chorro de agua. Eso es lo que podemos buscar. Los peces, por otro lado, obtienen oxígeno del agua a través de las agallas, por lo cual no necesitan salir a respirar aire.*

3 Back to Nature

Hayden and Audrey's family had moved during the summer when their mother started working in a rural health clinic. Now, several months into the school year, they had gotten to know many of the families on the farms around them. Most of them did not live within walking distance, so they had to ride their bikes to visit them.

Their four friends who lived within biking distance all had farms on which they grew trees. Wyatt's family had apple and peach trees. Henry's family grew oak trees for landscaping, and Malcolm's family specialized in decorative maple trees. Carson's family, who lived the furthest away, had acres of Christmas trees around his house.

Audrey was watering flowers in the front yard when Hayden pulled into the driveway on his bike.

"I thought you'd be back a while ago," she said. *"What were you doing?"*

"Mainly watching animals at a friend's place. Birds, rabbits, a bunch of squirrels gathering acorns..." he said. *"Living here is really different than living in the city. I'm really starting to get into all this nature stuff."*

"I am too! In fact, I bet I know whose house you were at simply based on what you said," she said.

"No way! I bet you don't!" he retorted.

"You're on! Loser does the dishes tonight."

"Okay, but you only get one guess. Where was I?" he asked.

De regreso a la naturaleza 

La familia de Hayden y Audrey se mudó durante el verano, cuando su madre empezó a trabajar en una clínica de salud rural. Ahora, varios meses después del inicio del año escolar, habían llegado a conocer a muchas de las familias de las fincas a su alrededor. La mayoría de ellas vivían demasiado lejos para ir a visitarlas a pie, por lo que las visitaban en sus bicicletas.

Los cuatros amigos que vivían suficientemente cerca para visitar en bicicleta tenían fincas en las que sembraban árboles. La familia de Wyatt cultivaba manzanos y árboles de duraznos. La familia de Henry culti vaba robles para jardines, y la familia de Malcom se especializaba en arces decorativos. La familia de Carson, que era la más lejana, tenía hectáreas de árboles de Navidad rodeando su casa.

Audrey estaba regando las flores en el patio del frente cuando Hayden llegó en su bicicleta.

—*Pensé que llegarías antes* —dijo Audrey—. *¿Qué estabas haciendo?*

—*Más que nada, estaba observando animales en la casa de un amigo. Pájaros, conejos, y un montón de ardillas recogiendo bellotas. Vivir aquí es muy distinto a vivir en la ciudad. Realmente me está empezando a gustar esto de la naturaleza.*

—*¡A mí también! De hecho, te apuesto a que sé en cuál casa estabas basado simplemente en lo que me contaste* —dijo ella.

—*¡No puede ser! ¡Te apuesto que no sabes!* —replicó.

—*¡Vale! El perdedor lava los platos esta noche.*

—*Bien, pero solo tienes una oportunidad para adivinar. ¿Dónde estaba?* —preguntó él.

Back to Nature

"You were at Henry's house," Audrey said. *"Maple trees, Christmas trees, and fruit trees don't produce acorns, but oak trees do. Squirrels are very active at this time of year, gathering and storing food for the winter. Am I right, or am I right?"*

"Fine, you're right. I guess I'll do the dishes tonight," Hayden conceded.

—Estabas en la casa de Henry —dijo Audrey—. *Los arces, árboles navideños, y árboles frutales no producen bellotas, pero los robles sí. Las ardillas están muy activas en esta temporada, recogiendo y guardando comida para el invierno. ¿Tengo o no razón?*

—Sí, tienes razón. Supongo que lavaré los platos esta noche —concedió Hayden.

 The Root of the Situation

"Daisuke, don't forget to water my plant while I'm gone!" Miyu reminded her brother as she left the house.

Daisuke had agreed to take care of Miyu's plant during the weeks that she would be away on a concert tour with her high school chorus. She kept the plant inside their screened-in porch, where it got sunlight, but not rain. She had told her little brother it needed to be watered regularly in the hot summer weather.

Daisuke got a spray bottle and sprayed the leaves every day. After a few days, he wanted to prove to his sister that he had been taking care of her plant, so he asked his mother to send her a picture of the plant with the sprayer he used next to it.

That night, when Miyu called, she asked to talk to Daisuke. *"That plant looks droopy,"* Miyu said. *"Are you sure you're taking care of it?"*

"I water it every day," Daisuke said defensively.

"*Dad, could you help Daisuke with the plant?"* Miyu asked when their father took the phone from Daisuke.

"I haven't been watching him," their father said. *"What do you think he is doing wrong?"*

"I don't think he's giving it enough water," Miyu said. Their father went out on the porch with Daisuke and checked the soil. It was almost completely dry.

"You're right," their father said before he handed the phone back to Daisuke and went to the kitchen to get more water for the plant.

"What did I do wrong?" Daisuke asked Miyu on the phone.

La raíz del asunto

—¡Daisuke, no te olvides de regar mi planta durante mi ausencia! —Miyu le recordó a su hermano al salir de la casa.

Daisuke había acordado cuidar la planta de Miyu durante las semanas en las que Miyu estaría en una gira de concierto con el coro de su escuela secundaria. Miyu mantenía la planta dentro de un balcón encerrado, donde le llegaba el sol, pero no la lluvia. Le había dicho a su hermanito que la planta debía ser regada regularmente durante el calor del verano.

Daisuke había conseguido un atomizador y rociaba las hojas de la planta todos los días. Después de un par de días, quiso mostrarle a su hermana que había estado cuidando su planta, así que le pidió a su madre que le enviara una foto de la planta con el atomizador a su lado.

Esa noche, cuando Miyu llamó por teléfono, pidió hablar con Daisuke.

—Esa planta se ve decaída —dijo Miyu— *¿estás seguro de que la estás cuidando?*

—La riego todos los días —respondió Daisuke a la defensiva.

—¿Papá, podrías ayudar a Daisuke con la planta? —preguntó Miyu cuando su padre tomó el teléfono.

—No lo he estado observando —dijo el padre—. *¿Qué crees que está haciendo mal?*

—Creo que no le está dando suficiente agua.

El padre fue al balcón con Daisuke y examinó la tierra de la planta. Estaba casi completamente seca.

—Tienes razón —dijo su padre antes de devolverle el teléfono a Daisuke e ir a la cocina a buscar más agua para la planta.

—¿Qué hice mal? —le preguntó Daisuke a Miyu por teléfono.

The Root of the Situation

"Daisuke," Miyu said, *"plants need water, nutrients, and sunlight to grow. They get sunlight through their leaves, but most of the water and nutrients they need come through their roots. Some plants can absorb enough water to survive through their leaves, but most plants need to be watered at the roots. So when I saw the spray bottle but no other water container, I knew what was wrong. If you were misting it every day and it still needed water, you must have been only spraying the leaves and not putting water at the roots where it could be more easily absorbed."*

La raíz del asunto

—*Daisuke* —dijo Miyu— *las plantas necesitan agua, nutrientes, y luz solar para crecer. Absorben la luz a través de sus hojas, pero la mayoria de los nutrientes y el agua que necesitan entran por las raices. Algunas plantas pueden absorber suficiente agua por sus hojas para sobrevivir, pero la mayoría necesitan ser regadas por la raíz. Cuando vi el atomizador, y no vi ningún otro envase de agua, supe cuál era el error. Si la rociabas todos los días y aun necesitaba agua, debes haber estado mojando solo sus hojas, en lugar de regar sus raíces, donde el agua se absorbe más fácilmente.*

5 Shoo Fly, Don't Bother Me

"Are you sure you have everything?" Luke's mother called from the kitchen. He was waiting by the front door to join some friends for the walk to school.

"Yes, Mom. Sunscreen, bug spray, clothes, toothbrush, and all that," he said.

"How about a snack for the bus ride?"

"I'm bringing an apple, and I even sealed it in a plastic bag to protect it."

Luke and his class were headed to an overnight nature camp where their biology class had a chance to explore the concepts that they had been learning about in the classroom.

He wasn't hungry on the bus ride, so he left the apple in its bag in his backpack.

They spent the rest of the day and the next morning learning about nature. When it was time for lunch, Luke got a sandwich and took out the apple he had brought with him. He sat down with some friends to eat, but when he opened the bag, small flies flew out.

"Gross!" Luke said. *"There are bugs on my apple! That's so weird."*

"What's so weird about bugs?" his friend Elias asked.

"They weren't in the bag when I sealed it, and they couldn't have gotten in afterward. They must have appeared out of thin air! Where else could they have come from?" Luke asked.

Lárgate mosca, no me molestes

5

—¿Estás seguro de que tienes todo? —preguntó la madre de Luke desde la cocina. Él estaba esperando a unos amigos en la entrada de su casa para caminar juntos a la escuela.

—Sí, Mamá. Protector solar, repelente de mosquitos, ropa, cepillo de dientes, y todo eso —confirmó.

—¿Qué tal una merienda para el viaje en autobús?

—Llevo una manzana, y hasta la sellé en una bolsa de plástico para protegerla.

Luke y su clase iban a un campamento de naturaleza donde su clase de biología exploraría los conceptos que estaban estudiando en el salón.

No le dio hambre durante el viaje en autobús, por lo cual dejó la manzana en la bolsa dentro de la mochila.

Pasaron el resto del día y la mañana siguiente aprendiendo sobre la naturaleza. A la hora de almorzar, Luke sacó un sándwich y la manzana que había traído. Se sentó a comer con algunos amigos, pero cuando abrió la bolsa, unas moscas pequeñas salieron volando.

—¡Qué asco! —dijo Luke—. *¡Hay insectos en mi manzana! Qué raro.*

—¿Qué tienen de raros los insectos? —preguntó su amigo Elías.

—No estaban en la bolsa cuando la sellé, y no pueden haber entrado después de haberla sellado. ¡Deben haber aparecido de la nada! ¿Si no, de dónde vinieron? —preguntó Luke.

Shoo Fly, Don't Bother Me

"The bugs didn't come from thin air," Elias explained. *"There used to be this idea called 'spontaneous generation,' where people thought that living things like flies could grow straight out of non-living things like rotting food, but science has proven it wrong. Fruit flies must have laid eggs on that apple sometime before you put it in the bag. Since then, the eggs must have hatched into larvae and the larvae must have completed their metamorphosis. Fruit flies have a very fast life cycle."*

"I guess my mom is right," Luke said. *"You really do need to wash fruit before you eat it!"*

Lárgate mosca, no me molestes

—Los insectos no aparecieron de la nada —explicó Elías—. *En el pasado existía una idea llamada 'generación espontánea', donde la gente creía que algunos seres vivos como las moscas nacían directamente de objetos sin vida como la comida podrida, pero la ciencia ha demostrado la falsedad de esa teoría. Las moscas deben haber puesto huevos sobre la manzana antes de que la guardaras en la bolsa. Desde entonces, las larvas deben haber nacido de los huevos y completado su metamorfosis. Las moscas de frutas tienen un ciclo de vida muy rápido.*

—Parece que mamá tenía razón —dijo Luke—. *¡Realmente hay que lavar bien las frutas antes de comerlas!*

6 Think Outside the Box

It was lunchtime at school and Axel was sitting in the cafeteria with a few of his friends, staring at the last few pieces of pizza in the delivery box. It was a pizza with green peppers that his friend Peter's mom had brought in for his birthday, the only time the school allowed lunch food to be brought in for students.

As Peter reached for another piece, he casually asked, *"So, how did everyone's cell model project go? It's due next period, right?"*

"Oh no!" Axel said, his heart dropping as a sudden feeling of anxiety rose within him. *"That's due next period? I completely forgot! What is the assignment again?"*

Peter reached into his backpack and took out the assignment sheet. *"Construct and label a model representing either a plant or animal cell, describing the functions of at least four parts of the cell,"* he read. *"But how are you going to manage to make a cell model before next period? Lunch ends in ten minutes!"* Peter exclaimed as he picked up another piece of pizza and dipped it in garlic butter.

"Wait, don't be so negative," Axel said. *"We have to make the best of every situation, right? I know what kind of cell I'm going to make. And I have enough materials right here to represent four cell parts."*

"With what?" Peter asked. *"All we have is the pizza scraps and an empty box."*

Piensa fuera de la caja 6

Era la hora de almorzar en la escuela, y Axel estaba sentado en la cafetería con algunos de sus amigos, mirando fijamente a las últimos pedazos de pizza que quedaban en la caja. Era una pizza con pimientos verdes que la madre de su amigo Peter había traído para su cumpleaños, la única ocasión en la cual la escuela permitía traerle almuerzo a los estudiantes.

Alcanzando otro pedazo de pizza, Peter preguntó casualmente,

—*¿Cómo les fue con el proyecto de modelos celulares? ¿Hay que entregarlos el próximo período, cierto?*

—*¡Oh no!* —dijo Axel, sintiendo un golpe de ansiedad crecer dentro de sí—. *¿Hay que entregarlo el próximo período? ¡Se me olvidó por completo! ¿Cuál era la tarea?*

Peter metió la mano en su mochila y sacó la hoja con la tarea.

—*Construya e identifique un modelo que represente una célula animal o vegetal, describiendo las funciones de por lo menos cuatro partes de la célula* —leyó—. *¿Pero, cómo lograrás crear un modelo celular antes del siguiente período? ¡El almuerzo termina en diez minutos!* —exclamó Peter mientras agarraba otro pedazo de pizza y lo sumergía en la mantequilla de ajo.

—*Espera, no seas tan negativo* —dijo Axel—. *Tenemos que sacar lo mejor de cada situación, ¿no? Sé qué tipo de modelo celular voy a crear. Y tengo suficientes materiales aquí para representar cuatro partes celulares.*

—*¿Con qué?* —preguntó Peter—. *Lo único que tenemos es lo que quedó de la pizza y una caja vacía.*

Think Outside the Box

Axel said, *"Well, we have this pizza box, which has hard sides. That means I have to make this a plant cell. Plant cells have hard cell walls, but animal cells don't—they only have cell membranes. The cell wall allows water and nutrients into the cell. That's one part.*

"I can use the green peppers we have left to represent chloroplasts, which help a plant cell convert sunlight into energy," he continued. *"Chloroplasts are green because they contain chlorophyll. Also, they're found only in plant cells, not animal cells. And we have liquid garlic butter, which I can spill in the bottom of the box to represent the cytoplasm, which is a liquid that contains other cell structures. Once we empty out the garlic butter container, it can become the vacuole, which stores nutrients and minerals. That's four accurate parts of a plant cell. Then all I have to do is label them and write the descriptions."*

"But first we have to finish eating this pizza," he added, pausing dramatically, *"just not the green peppers!"*

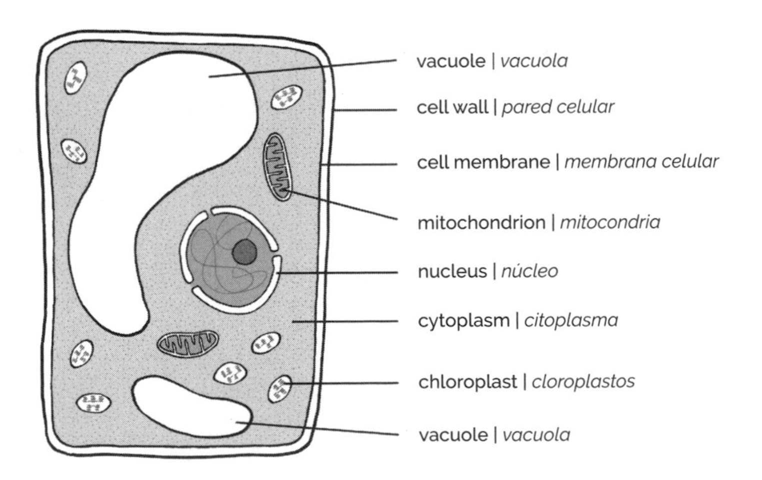

Piensa fuera de la caja

Axel dijo, *—bueno, tenemos la caja de la pizza, que tiene lados rígidos. Eso significa que tengo que usar esto para hacer una célula vegetal. Las células vegetales tienen paredes celulares rígidas, mientras que las células animales no—solo tienen membranas celulares. La pared celular de las plantas permite pasar los nutrientes y el agua al interior de la célula. Esa es una parte.*

—Puedo usar los pimientos verdes que quedan para representar los cloroplastos, que ayudan a las células vegetales a transformar la luz solar en energía —continuó—. *Los cloroplastos son verdes porque tienen clorofila. Además, se encuentran solo en las células vegetales, no en células animales. También tenemos mantequilla de ajo líquida, la cual puedo derramar en la caja para representar el citoplasma, que es un líquido que contiene otras estructuras celulares. Una vez vacíe el envase de mantequilla, el envase puede representar la vacuola que almacena nutrientes y minerales. Ahí tengo cuatro partes de una célula vegetal. Lo único que faltará es identificar cada parte y escribir las descripciones.*

—Pero primero tenemos que acabar de comernos esta pizza —agregó, pausando dramáticamente—, *¡pero no se coman los pimientos verdes!*

Now You See It

In the final challenge for the "Cabin of the Week" prize, the campers had to put all of their brain power together.

Isabel and her cabin mates went to the arts and crafts tent, where rolls of cloth were awaiting them—gray, green, and tan.

"Your challenge is to put on a short play tonight about life in the forest here at camp. You must stick to that theme in your costume and behavior," the counselor said. *"Use this cloth for anything you want to make."*

"We need something classy, but not overdone," Isabel said when the counselor left them with the supplies. *"Something that fits the theme and that we can put together fast."*

"We need to be able to show the lives of the animals," Grace said. *"Maybe show what they eat? No, that's too complicated."*

Some other girls had ideas, but nothing seemed good enough to win the challenge.

Then Melissa said, *"Maybe we could do a play that shows how animals keep themselves safe?"*

"Well, a lot of animals rely on speed to outrun a predator, others have claws and teeth to fight back, and others have really good senses to detect danger," Anita said. *"But how can we show one of those ideas with just colored cloth?"*

Ahora lo ves 7

Para el reto final por el premio "Cabaña de la Semana", los acampantes tenian que utilizar todo su poder mental.

Isabel y sus compañeras de cabaña fueron a la carpa de artes y manualidades, donde las esperaban rollos de tela gris, verde, y café.

—*El reto es montar una breve obra de teatro para esta noche acerca de la vida del bosque aquí en el campamento. Los disfraces y la actuación deben tratar de ese tema* —dijo el consejero—. *Usen esta tela para crear lo que quieran.*

—*Necesitamos algo con estilo, pero no exagerado* —dijo Isabel cuando el consejero las dejó con los materiales—. *Algo que vaya con el tema y que podamos organizar rápidamente.*

—*Tenemos que mostrar la vida de los animales* —dijo Grace—. *¿Quizás mostrar lo que comen? No, eso es muy complicado.*

Algunas de las otras niñas tenian ideas, pero nada parecía suficientemente bueno como para ganar el reto.

Entonces Melissa dijo —*¿podríamos montar una obra que muestre cómo los animales se mantienen a salvo?*

—*Bueno, muchos animales usan su velocidad para escapar de depredadores, otros tienen garras y dientes para defenderse, otros tienen excelentes sentidos para detectar peligro* —dijo Anita—. *¿Pero cómo podemos mostrar una de esas ideas usando solo telas de colores?*

Now You See It

"I was thinking about another way animals are protected: camouflage," Melissa said. *"We can put on a play about how some animals blend in with their surroundings to make it harder to find them. We already have the colors of nature. It's easy to use the colors we already have to show how animals blend in with their environment."*

"I like it," Isabel said. *"The gray cloth can be used to make tree trunks and squirrel outfits, the green could be used to make a lily pad and a frog. The tan can be used for grasses and deer."*

Ahora lo ves

—Estaba pensando en otra forma en que los animales se protegen: camuflaje —dijo Melissa—. *Podemos montar una obra sobre cómo algunos animales se ocultan en su ambiente con camuflaje, haciéndose más difíciles de encontrar. Ya tenemos los colores de la naturaleza, y es fácil usar los colores que tenemos para demostrar cómo los animales se ocultan en su ambiente.*

—Me gusta —dijo Isabel—. *Podemos usar la tela gris para troncos de árboles y disfraces de ardillas, la verde para una hoja de lirio y una rana. El color café puede ser para hierbas y ciervos.*

8 Here Today, Gone Tomorrow

"Let's go straight to that field with the elk," Dominic said as he and his family came to the main entrance of the national park.

"I have my camera ready," his sister Marie said. *"Nobody at school believed me when I told them what we saw the last time we were here."*

On the first night of their earlier visit, a ranger had described where to go to see wildlife, especially a herd of elk that had just moved into the park. The next day, they had seen them grazing on the budding plants. They were the largest animals Dominic and Marie had ever seen outside a zoo.

They decided then to come back later in the year to see the elk again.

By the time they could return, the leaves had already changed color and fallen off the trees. They drove to the meadow where they had seen the elk on their earlier visit and although they drove all around, they could not see any this time. They stopped when they saw a ranger getting ready to lead a nature walk.

"Let's ask this ranger where the elk are. I hope they didn't all get killed by hunters," their father said as they got out of the car.

"I guess they could just be hiding," their mother suggested.

"But why would they? They were out in the open before," Marie said. *"Maybe there was a disease? Or maybe wolves attacked them?"*

Dominic said, *"I think I might know what happened!"*

Hoy aquí, mañana allá

8

—Vayamos directamente al campo donde estaban los alces —dijo Dominic al acercarse con su familia a la entrada del parque nacional.

—Tengo mi cámara lista —dijo su hermana Marie—. *Nadie en la escuela me creyó cuando les conté lo que vimos la última vez que estuvimos aquí.*

La primera noche de su visita anterior, un guardabosques les había indicado dónde ir para observar animales salvajes, en particular un grupo de alces que acababa de mudarse al parque. Al día siguiente, los habían observado comiéndose los capullos de las plantas que empezaban a florecer. Eran los animales más grandes que Dominic y Marie habían visto fuera de un zoológico.

Decidieron entonces regresar en otra ocasión durante el mismo año para verlos de nuevo.

Cuando por fin regresaron, las hojas habían cambiado de color y se habían caído de los árboles. Condujeron al prado donde habían visto a los alces la última vez, y aunque buscaron por todos lados, no vieron ni uno. Se detuvieron al ver a un guardabosques preparándose para guiar una caminata.

—Preguntémosle a este guardabosques dónde están los alces. Espero que los cazadores no los hayan matado —dijo el padre al salir del carro.

—Supongo que podrían estar escondidos —sugirió la madre.

—¿Pero por qué? Estaban a la vista la última vez —dijo Marie—. *Quizás hubo una enfermedad. ¿O crees que los lobos los atacaron?*

Dominic dijo, *—¡Creo que sé lo que pasó!*

Here Today, Gone Tomorrow

"The elk migrated, didn't they?" Dominic asked the ranger. *"The last time we were here was in the spring, when the plants were budding and the elk had just come from where they had spent the winter. But now it's late fall and I think they've left already."*

"That's right," the ranger said. *"Many creatures travel long distances each year with the changing of the seasons—some butterflies, sea turtles, and even bats migrate, just to name a few. The elk move to where there is a better supply of food and a less harsh climate for the winter. They will come back in the spring. I hope you will come back to see them then."*

Hoy aquí, mañana allí

—*¿Los alces migraron, no es cierto?* —le preguntó Dominic al guardabosques—. *La última vez que estuvimos aquí fue en primavera, cuando las plantas empezaban a florecer y los alces acababan de llegar de su habitat invernal. Ahora estamos a fines de otoño y creo que ya se fueron.*

—*Así es* —dijo el guardabosques—. *Muchas criaturas viajan largas distancias con el cambio de temporadas—algunas mariposas, tortugas marinas, y hasta murciélagos migran, para nombrar unos pocos. Los alces se van a lugares donde hay más comida y donde el invierno no es tan extremo. Volverán en la primavera, y espero que ustedes vuelvan también para verlos.*

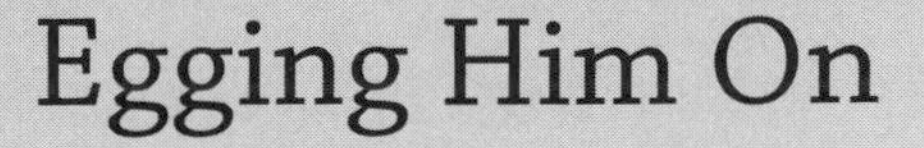

9 Egging Him On

"Is it a bird? Maybe it's a plane!" Woo-jin sang out.

"Cut it out, Woo-jin," his friend Grant retorted.

The boys had been walking through a field by a stream in a nature reserve when they came across some egg shells. Woo-jin was convinced that the egg shells were from birds, and he was running around flapping his wings in delight about his find.

While he let his friend frolic, Grant searched around the area, looking for nests.

"I don't think these eggs are from birds," he said as Woo-jin settled down and rejoined him. *"For one thing, we're out in the open here and there are no trees."*

"Wait, don't some birds build their nests on the ground?" Woo-jin asked. *"I think I read once that turkeys do that. I guess they're too big and heavy to build nests in trees. Maybe these are turkey eggs, although they do look a little small for that. Maybe it's some smaller kind of bird,"* Woo-jin wondered.

Grant picked up one of the egg shells, feeling a soft and leathery surface.

"Actually, Woo-jin, I think we should leave," he said.

"What do you mean, Grant? Those are just empty shells. Why should we leave?" Woo-jin asked.

Cascarazos 9

—*¿Será un pájaro? ¡Quizás es un avión!* —exclamó Woo-jin.

—*Ya basta, Woo-jin* —respondió su amigo Grant.

Los niños habían estado caminando por un campo cerca de una quebrada en una reserva natural cuando encontraron unas cáscaras de huevo. Woo-jin estaba convencido de que las cáscaras eran de pájaros, y corría en círculos, batiendo sus brazos como alas con la alegría de su hallazgo.

Mientras dejaba a su amigo jugar, Grant buscaba nidos en el área.

—*No creo que estos huevos sean de pájaros* —dijo cuando Woo-jin empezó a tranquilizarse y regresó a él—. *Para empezar, estamos en un área abierta y sin árboles.*

—*Espera, ¿acaso algunos pájaros no anidan en el suelo?* —preguntó Woo-jin—. *Creo que una vez leí que los pavos hacen eso. Me imagino que son demasiado pesados y grandes para hacer sus nidos en los árboles. Quizás estos son huevos de pavos, aunque en realidad se ven demasiado pequeños. Quizás son de un pájaro más chico* —curioseaba Woo-jin.

Grant recogió una de las cáscaras y sintió una textura suave y como de cuero.

—*En realidad, Woo-jin, creo que deberíamos irnos* —dijo.

—*¿Qué quieres decir, Grant? Son solo cáscaras vacías. ¿Por qué debemos irnos?* —preguntó Woo-jin.

Egging Him On

"I don't think these are bird shells at all. The way they feel, it makes me think they could be snake eggs," Grant said.

"Snakes?" Woo-jin said, jumping back.

"Well, maybe just turtles," Grant said. *"Both turtles and snakes lay soft, leathery eggs and both lay their eggs on the ground. I think we should to go to the Nature Center and show them these shells. I'm sure they'll know what laid the eggs."*

Cascarazos

—No creo que estas cáscaras sean de huevos de aves. Su textura me hace pensar que podrían ser huevos de serpiente —dijo Grant.

—¿Serpientes? —dijo Woo-jin, sobresaltado.

—Bueno, tal vez sean de tortugas —dijo Grant—. *Las tortugas y las serpientes ponen huevos con cáscaras suaves que se sienten como cuero, y ambos los ponen en la tierra. Creo que deberíamos ir al Centro de Naturaleza y mostrarles estos cascarones. Estoy seguro de que ellos sabrán qué animales los pusieron.*

⑩ One Good Turn

"Before we go, tell me, where do you hide your diary?" Katherine asked her best friend Seneca as they sat on the bed in Katherine's room.

"Under my bed with the key. Nobody looks there anyway. Why? Where do you hide yours?" Seneca replied.

"Well, my diary is under my bed too, but the key to it is under the plant!" Katherine whispered.

"That plant on the windowsill?" Seneca whispered back.

"Yes, but shhh, don't tell Lauren. She looks through all my stuff. I don't think she's read my diary yet, though," Katherine said about her little sister.

Katherine tipped the plant to show Seneca the key, careful not to disturb the leaves that were facing the window.

Soon afterward, Lauren came into the room. *"What are you guys doing?"* she asked.

"Just getting ready to go to the ice cream store down the street," Katherine said as she got up. *"Want to come along?"*

"No, thanks," Lauren replied and left the room.

When Katherine and Seneca returned, they went back into Katherine's room and noticed the plant. The leaves seemed to reach out to the girls as they walked through the doorway.

"Katherine, I think Lauren has started reading your diary!" Seneca exclaimed.

"How do you know?" Katherine asked.

Un buen giro ⑩

—Antes de irnos, dime, ¿dónde escondes tu diario? —Katherine le preguntó a su mejor amiga Seneca, mientras estaban sentadas sobre la cama en la habitación de Katherine.

—Debajo de mi cama con llave, nadie busca allí de todos modos. ¿Por qué? ¿Dónde escondes el tuyo?

—Bueno, mi diario está debajo de mi cama también, pero la llave está debajo de una planta —susurró Katherine.

—¿La planta que está en el marco de la ventana? —preguntó Seneca.

—Sí, pero shhh, no le digas a Lauren. Ella se mete en todas mis cosas. Pero creo que todavía no ha leído mi diario —dijo Katherine de su hermana menor.

Katherine inclinó la planta para mostrarle la llave a Seneca, con cuidado de no mover las hojas que daban hacia la ventana.

Poco después Lauren entró a la habitación.

—¿Qué están haciendo? —preguntó.

—Solo preparándonos para ir a la heladería —dijo Katherine mientras se levantaban—. *¿Nos quieres acompañar?*

—No, gracias —respondió Lauren y salió de la habitación.

Cuando Katherine y Seneca regresaron, volvieron a la habitación de Katherine y se fijaron en la planta. Notaron que las hojas de la planta parecían estar extendidas hacia ellas cuando pasaron por la puerta.

—¡Katherine, creo que Lauren empezó a leer tu diario! —exclamó Seneca.

—¿Qué te hace pensar eso? —preguntó Katherine.

PIENSE

One Good Turn

Seneca pointed to the leaves facing towards them.

"This plant must have been moved," she said. *"The leaves are pointing away from the sunlight that comes through the window. Earlier, the leaves were facing the window, which is normal. This is due to phototropism, which is when plants grow torwards a light source to get energy. I think Lauren has been peeking at your diary. She must have moved the plant to get to the key, but didn't put the plant back exactly the way it was."*

Un buen giro

Seneca señaló las hojas que daban hacia ellas.

—Esta planta debe haber sido movida —indicó—. *Las hojas apuntan hacia el lado contrario de la luz del sol que entra por la ventana. Antes, las hojas apuntaban hacia la ventana, lo cual es normal. Esto se debe al fototropismo, que es cuando las plantas crecen hacia una fuente de luz para obtener energía. Creo que Lauren le ha estado echando un vistazo a tu diario. Seguramente movió la planta para agarrar la llave, pero no puso la planta como estaba.*

Earth and Space Science

Ciencias Terrestres y del Espacio

It's All Alien to Me

Miss Vaughn divided her Creative Arts class into groups of four. Each student was to draw a scene of what one part of life might be like on another planet. Later, they would put them on poster board.

Kathleen's assignment was to show life inside an alien home. She drew the inside of the house with strange-looking gadgets and little green pets everywhere.

Joaquin's part was to show aliens at work. He drew a factory where robots were doing all the actual work and the aliens were just pushing buttons.

Albert's drawing showed aliens in school, wearing helmets that piped facts into their heads.

Valerie's part was to show recreation. She loved ice hockey, so her drawing had aliens wearing orange jerseys playing ice hockey on a pond.

"Now we just have to decide which planet this should be," Joaquin said as they arranged their pieces.

Miss Vaughn came to their group of desks and looked at the drawings. She said, *"All the planets are taken except for Venus and Mars. Label yours with the one that fits all of your drawings better out of those two."*

"What difference does it make which planet we choose?" Kathleen asked after Miss Vaughn left.

Todo me parece extraterrestre

11

La Srta. Vaughn dividió su clase de arte en grupos de cuatro. Cada alumno debía dibujar una escena representando la vida en otro planeta. Luego pondrían sus dibujos en cartulinas.

La tarea de Kathleen era mostrar la vida diaria dentro de la casa de un extraterrestre. Dibujó el interior de la casa con aparatos extraños y pequeñas mascotas verdes por todas partes.

La contribución de Joaquín era mostrar los extraterrestres en su trabajo. Dibujó una fábrica donde unos robots hacían todo el trabajo, mientras que los extraterrestres solo presionaban botones.

El dibujo de Albert mostraba extraterrestres en la escuela, usando cascos que les trasmitían información a sus cerebros.

La parte de Valerie era mostrar las actividades recreativas. Como a ella le encantaba el hockey sobre hielo, dibujó extraterrestres con camisetas anaranjadas jugando al hockey sobre un estanque congelado.

—*Ahora solo tenemos que decidir cuál planeta es éste* —dijo Joaquín mientras organizaban las piezas.

La Srta. Vaughn se acercó a su grupo y miró los dibujos.

Les dijo, —*Todos los planetas excepto Venus y Marte han sido seleccionados. Identifiquen sus dibujos con el planeta de estos dos que más se parezca a sus dibujos.*

—*¿Qué diferencia hace qué planeta elegimos?* —preguntó Kathleen, después de que se marchara la señorita Vaughn.

It's All Alien to Me

Albert said, *"The inside scenes of home, work and school could fit on either planet since you control the environment inside a building. But we have to choose the planet with the outdoor environment that matches Valerie's pond scene."*

"We can't pick Venus because it's so close to the Sun that it's too hot for ice," Valerie said. *"But there is ice on Mars' polar ice caps. So let's say this is life on Mars."*

Todo me parece extraterrestre

Albert respondió, —*las escenas interiores del hogar, del trabajo y de la escuela podrían estar en cualquier planeta, ya que se puede controlar el medio ambiente dentro de los edificios. Pero tenemos que elegir el planeta que tenga el ambiente exterior que coincida con la escena del estanque de Valerie.*

—No podemos elegir a Venus porque está tan cerca del sol que hace demasiado calor para que haya hielo —dijo Valerie—. *Pero sí hay hielo en los casquetes polares de Marte. Así que, digamos que mostramos la vida en Marte.*

12 Where in the World?

As much as Leila missed having Chloe around for their summer vacation, she had to admit that Chloe must be having a great time traveling.

Chloe's father was working on a trade treaty between the United States and other countries bordering the Pacific Ocean. Since he would be traveling for weeks, he was allowed to take his family as long as he paid for them. Chloe and her mother would sightsee while her father worked. Every day Leila checked for a new e-mail from Chloe describing her adventures.

Chloe had given Leila the list of countries her family was visiting and so far they had been to four—with Japan, China and New Zealand still to go. But Chloe hadn't told Leila in what order they were visiting the countries. Instead, each time Chloe arrived in a new country she took pictures, attached them to an e-mail, and challenged Leila to figure out where she was.

This day's e-mail didn't have a picture, just a message: *"We flew to a new country yesterday, but it got dark so early I couldn't take any pictures outside. I'll take some today and send them for you to guess what country it is."*

Leila wrote back, *"Send the pictures, but I already know where you are."*

Later, a message came back from Chloe: *"How do you know?"*

¿En qué parte del mundo?

12

Por mucho que Leila extrañara a su amiga Chloe durante sus vacaciones de verano, reconocía que Chloe debía estar pasándola muy bien viajando.

El padre de Chloe estaba trabajando en un tratado de comercio entre los Estados Unidos y otros países con fronteras en el Océano Pacífico. Como estaría viajando durante semanas, le permitieron llevar a su familia siempre y cuando él pagara sus gastos. Chloe y su madre pasearían mientras su padre trabajaba. Cada día Leila verificaba si tenía un nuevo correo de Chloe detallando sus aventuras.

Chloe le había dado a Leila la lista de países que visitaría su familia y hasta el momento habían estado en cuatro—faltaban Japón, China y Nueva Zelanda. Pero Chloe no le había dicho a Leila en qué orden visitarían los países. En vez, cada vez que Chloe llegaba a un nuevo país tomaba fotos, las anejaba a un correo electrónico, y retaba a Leila a que adivinara dónde estaba.

El correo de este día no tenía imágenes, solo un mensaje: *Ayer volamos a un país nuevo, pero oscureció tan temprano que no pude tomar fotos en el exterior. Tomaré algunas hoy y te las enviaré para que adivines en qué país estoy.*

Leila le contestó: *Envíame las fotos, pero ya sé dónde estás.*

Al rato, le llegó un mensaje de Chloe: *¿Cómo lo sabes?*

Where in the World?

"You must be in New Zealand," Leila wrote back. *"That's the only country in the Southern Hemisphere out of the three still on the list. It's summer here in the Northern Hemisphere and the days stay light a long time, but it's winter there, meaning the Sun is up for a shorter time. It's due to the tilt of the Earth's axis, which causes light to shine longer on one hemisphere or the other at different times of the year as the Earth orbits the Sun. If it gets dark early at this time of year where you are, you can't be in China or Japan, which are in the Northern Hemisphere."*

¿En qué parte del mundo?

—Tienes que estar en Nueva Zelanda —respondió Leila—. *Eso es el único país de los tres que quedan en la lista que está en el hemisferio sur. Aquí en el hemisferio norte es verano y los días tienen muchas horas de luz, pero allá es invierno, lo cual significa que hay luz solar por menos tiempo. Esto se debe a la inclinación del eje de la tierra, la cual hace que haya luz por más tiempo en un hemisferio o en el otro durante distintas épocas del año según la tierra gira alrededor del Sol. Si oscurece temprano en dónde estás durante esta época del año, no puedes estar en China ni en Japón, ya que esos países se encuentran en el hemisferio norte.*

13 Up in the Air

"I'm surprised at how hot it is here," Rylee and Aiden's father said as they settled onto a shaded picnic table.

They were on a trip through the Western mountain states and had just arrived that morning in Yellowstone National Park. They were having lunch while waiting for the next eruption of Old Faithful, which a ranger said was going to be in about half an hour.

"I'm afraid our hotel doesn't have a swimming pool," their mother said as she put water bottles on napkins that were about to blow away.

"Maybe we could take a walk in the woods later on," Rylee said. *"It should be cooler in the trees."*

Aiden was studying a map. *"Look at this, there's a trail from here that goes past a lot of geysers. Not right next to them, but close."*

"So?" Rylee said.

"So, we just follow that trail and we'll cool down," he said.

"But the trail is in direct sunlight," she said, looking at the map.

"Aren't you forgetting the wind is blowing?" he asked.

"Aren't you forgetting something else?" she challenged.

En el aire

13

—*Me sorprende el calor que hace aquí* —dijo el padre de Rylee y Aiden mientras se acomodaba en una mesa de pícnic bajo la sombra.

Estaban viajando por los estados montañosos del Oeste y acababan de llegar esa mañana al Parque Nacional de Yellowstone. Almorzaban mientras esperaban la próxima erupción del géiser Old Faithful, que, según un guardabosques, sucedería en una media hora.

—*Me temo que nuestro hotel no tiene piscina* —dijo la madre de los niños mientras ponía las botellas de agua sobre servilletas que estaban a punto de volarse.

—*Tal vez más tarde podríamos pasear por el bosque* —dijo Rylee—. *Estará más fresco entre los árboles.*

Aiden estudiaba un mapa.

—*Miren esto, hay un sendero que sale de aquí y pasa por unos géiseres. No está justo al lado de los géiseres, pero está bastante cerca.*

—*¿Y?* —dijo Rylee.

—*Pues, si seguimos ese camino nos refrescaremos* —aclaró.

—*Pero ese sendero está directamente bajo el sol* —dijo ella, viendo el mapa.

—*¿No estás olvidando que el viento está soplando?* —preguntó Aiden.

—*¿Y tú, no estás olvidando otra cosa?* —le retó ella.

Up in the Air

"I'll bet you're thinking that because the path is so close to the geysers, the wind will blow a spray of water on us," Rylee said.

"Right," he said. *"That will cool us down."*

"But the water from a geyser is hot," she said. *"The water under the ground gets heated to the boiling point by hot rocks. When the steam builds up enough pressure, it shoots out through a passageway to the surface. That's what makes a geyser. The last thing we want on a hot day is to be sprayed with hot water."*

En el aire

—Apuesto a que estás pensando que como el sendero está tan cerca de los géiseres, el viento nos rociará con un poco de agua —dijo Rylee.

—Correcto —dijo él—. *Eso nos refrescará.*

—Pero el agua de los géiseres está caliente —dijo ella—. *El agua subterránea se calienta hasta el punto de ebullición por rocas calientes que están debajo de la tierra. Cuando el vapor acumula suficiente presión, se dispara a través de una grieta hacia la superficie. Eso es lo que crea un géiser. Lo último que queremos en un día tan caluroso es salpicarnos con agua caliente.*

A Good Look

"I can always use extra credit," Noah said to himself as his teacher Mr. O'Shea handed out a list of projects the students could do to improve their grades.

One of them gave a date and said: *"Directly observe the eclipse and write a short description of the event and its cause."*

Later, Noah was discussing it with his friends Omar and Marcos. *"How does he know there's going to be an eclipse on that day?"* Marcos asked.

"I think the places and dates where eclipses can be seen are figured out a long time before they happen," Omar said. *"In fact, I think the exact times are even figured out."*

Noah looked at the sheet. *"It doesn't say what time, just the date,"* he said. *"Maybe I won't be able to do this after all."*

"I'm sure that you'll find out closer to the date," Marcos said. *"What's the difference?"*

"For a solar eclipse, I'd have to make sure I'm not doing anything else at that time of the day," Noah said. *"If it's during a school day, maybe I won't get excused from class."*

"I don't think that's going to be a problem," Omar said.

"Why not?" Noah asked.

Un buen vistazo

14

—*Siempre me sirven algunos puntos extras* —se dijo Noah a sí mismo mientras su maestro, el Sr. O'Shea, repartía una lista de proyectos que los estudiantes podían hacer para mejorar sus notas.

Uno de ellos indicaba una fecha y decía: *Observa el eclipse directamente y escribe una breve descripción del evento y su causa.*

Un rato más tarde, Noah lo estaba discutiendo con sus amigos Omar y Marcos.

—*¿Cómo sabe que habrá un eclipse en esa fecha?* —preguntó Marcos.

—*Creo que las fechas y los lugares dónde sucederán los eclipses se calculan mucho antes de que sucedan* —dijo Omar—. *De hecho, creo que hasta se conoce la hora exacta en la que sucederán.*

Noah revisó las instrucciones.

—*No dice la hora, solo la fecha* —dijo—. *Tal vez no podré hacer este proyecto después de todo.*

—*Estoy seguro que lo averiguarás cuando se acerque la fecha* —dijo Marcos—. *¿Qué diferencia hace?*

—*Si es un eclipse solar, tendré que estar libre a la hora indicada* —dijo Noah—. *Si es durante el horario escolar, es posible que no me excusen de clases.*

—*No creo que sea problema* —dijo Omar.

—*¿Por qué no?* —preguntó Noah.

A Good Look

"It must be a lunar eclipse, not a solar eclipse," Omar said. *"I'm sure Mr. O'Shea would never tell anyone to look directly at a solar eclipse. A solar eclipse happens when the Moon blocks out the Sun. Light from the Sun still shines around the edges of the Moon and can damage your eyes. In a lunar eclipse, the Earth comes between the Sun and the Moon, and the Earth's shadow falls over the Moon, turning it darker. A lunar eclipse is safe to look at, but a solar eclipse isn't. And lunar eclipses only happen at night, so you don't have to worry about getting out of class to see it."*

Un buen vistazo

—Debe ser un eclipse lunar, no un eclipse solar —dijo Omar—. Estoy seguro que el Sr. O'Shea nunca le diría a alguien que mire un eclipse solar directamente. Un eclipse solar ocurre cuando la Luna bloquea al Sol. La luz del Sol brilla alrededor de la Luna y puede lastimar los ojos. En un eclipse lunar, la Tierra se interpone entre el Sol y la Luna, y la sombra de la Tierra cae sobre la Luna, oscureciéndola. No es peligroso observar un eclipse lunar, pero un eclipse solar sí lo es. Y los eclipses lunares solo ocurren de noche, así que no tienes que preocuparte del horario escolar.

Take a Hike

The students were pleased with the weather on the day of their field trip. It had rained the previous day and night, but this morning it was only cool and cloudy as the kids walked to the Visitors' Center.

The class was learning about different ecosystems, and had taken a bus to a park with a meadow, a pond, and woods. They were divided into three groups to collect samples and take pictures. They had walkie-talkies to keep in touch because cell phones didn't work there.

One group walked down a long, steep path to Frog Pond with Mr. Wysor. Marcel and Tucker's group hiked across to the meadow with Ms. Smith, while the third group took on the task of studying the woods on a hillside with Mrs. Hammerick.

After an hour or so, Ms. Smith's group was finished. They walked back to the Visitors' Center, but neither of the other groups had returned. Ms. Smith asked Marcel to check on them.

"We're finished in the meadow and can leave any time. How are you guys doing? Over," he said into the walkie-talkie.

"We have our samples and are just taking the last of the pictures. We will start walking back in a couple of minutes. Over," a voice replied.

"We're getting samples, but it's so foggy here that the pictures won't be any good. Give us another 20 minutes. Maybe the fog will lift. Over," another voice responded.

"I didn't recognize those voices. Which group needs more time?" Tucker asked Marcel.

Vete a caminar

15

Los estudiantes estaban felices con el clima el día de la excursión. Había llovido todo el día y la noche anterior, pero esta mañana solo estaba fresco y nublado mientras los niños caminaban hacia el Centro de Visitantes.

La clase estaba estudiando distintos ecosistemas, y había tomado un autobús a un parque con un prado, un estanque y bosques. Estaban divididos en tres grupos para buscar muestras y tomar fotos. Tenían radio-teléfonos para mantenerse en contacto, porque los teléfonos celulares no funcionaban allí.

Un grupo tomó un sendero largo y empinado para llegar al Estanque del Sapo con el Sr. Wysor. El grupo de Marcel y Tucker cruzó hacia la pradera con la Sra. Smith, mientras que el tercer grupo se encargó de estudiar el bosque en una ladera con la Sra. Hammerick.

Después de más o menos una hora, el grupo de la Sra. Smith había terminado. Regresó al Centro de Visitantes, pero ninguno de los otros grupos había regresado. La Sra. Smith le pidió a Marcel que verificara cómo estaban los demás.

—*Terminamos en el prado y podemos irnos en cualquier momento. ¿Cómo están ustedes? Cambio* —dijo por el radio-teléfono.

—*Tenemos nuestras muestras y estamos tomando las últimas fotos. Caminaremos de regreso en un par de minutos. Cambio* —respondió una voz.

—*Estamos tomando muestras, pero hay tanta neblina aquí que las fotos no saldrán. Dennos otros 20 minutos. Tal vez la niebla se levante. Cambio* —respondió otra voz.

—*No reconocí esas voces. ¿Cuál grupo necesita más tiempo?* —le preguntó Tucker a Marcel.

Take a Hike

"It must be Mr. Wysor's group at Frog Pond that isn't finished yet," Marcel said. *"Fog is more likely to form in low, damp areas, such as around a pond, especially when the ground is soaked, like it would be from all that rain yesterday, and the air is cool. Fog occurs when air cannot hold all the water vapor it contains and the vapor condenses into water droplets. The group down at the pond must be the group that we are waiting for."*

Vete a caminar

—Debe ser el grupo del Sr. Wysor en el Estanque del Sapo que no ha terminado aún —dijo Marcel—. *La neblina es más propensa a formarse en zonas bajas y húmedas, como alrededor de un estanque, sobre todo cuando el suelo está empapado, como tras las lluvias de ayer, y el aire está fresco. La neblina se produce cuando el aire no puede contener todo el vapor que contiene y el vapor se condensa en gotitas de agua. Por tanto, debemos estar esperando al grupo que está en el estanque.*

Think Green, Guys!

Pranav and Maneet's family had decided to buy a house in a new development. There were several models to pick from and they had chosen one with the features they wanted.

Two houses of that model were finished and for sale. Their backs faced each other, one house looking north and the other looking south—each with a big, open lawn in front. There were tall trees between them, coming almost to the back of each house.

"It's hard to pick. These two houses are exactly the same," their mother said, as they stood on the back deck of the house that faced north.

"The price is the same, too, although either way we're going to have to watch our money more closely after buying a new house," said their father.

Pranav could feel warmth in the sunlight, even through the bare branches of the trees. Spring was coming. Where they lived, winter was short and mild, and furnaces ran only a little while. Summer was long and hot—air conditioners ran almost all day.

"We should buy this one," Pranav said, after thinking for a moment.

"What did you do? Flip a coin in your head?" Maneet asked.

¡Cara verde, chicos! 16

La familia de Pranav y Maneet había decidido comprar una casa en una urbanización nueva. Habían varios modelos de casas para elegir y habían escogido uno con las características que deseaban.

Habían dos casas de ese modelo terminadas y a la venta. Las partes traseras colindaban; una casa miraba hacia el norte, y la otra hacia el sur—cada una con un gran jardín abierto al frente. Habían árboles grandes entre las dos casas, llegando casi hasta la parte trasera de cada una.

—*Es difícil escoger. Estas dos casas son exactamente iguales* —dijo su madre, parada en la terraza trasera de la casa que daba al norte.

—*Además, el precio es el mismo, aunque sea como sea tendremos que ser más conservadores con el dinero después de comprar una casa nueva* —dijo su padre.

Pranav sentía el calor del sol, incluso a través de las ramas desnudas de los árboles. La primavera se acercaba. Donde ellos vivían, el invierno era corto y leve, y solo usaban la calefacción de vez en cuando. Los veranos eran largos y muy calurosos—usaban el aire acondicionado casi todo el día.

—*Deberíamos comprar ésta* —dijo Pranav, después de pensar un momento.

—*¿Cómo decidiste? ¿Lanzaste una moneda virtual al aire?* —preguntó Maneet.

Think Green, Guys!

"No, I was thinking about energy," Pranav said. *"Everyone knows that the Sun appears to move from the eastern sky to the western sky, due to the Earth's rotation. But lots of people don't think about the other set of directions: north and south. For places north of the Tropic of Cancer, meaning every state except for Hawaii, the sun is always in the southern half of the sky.*

"These trees are on the southern side of the northern-facing house, and on the northern side of the southern-facing house. Because the sun will be hitting both houses from the south, the house on the north will be shaded by the trees, while the house on the south won't be protected from the Sun. The house on the north won't absorb as much light energy from the Sun, and it will stay cooler, so we won't have to run the air conditioning as much. We will reduce our use of electricity, saving money and the environment!"

—No, estaba pensando en energía— dijo Pranav—. Todo el mundo sabe que el Sol parece moverse del este hacia el oeste, debido a la rotación de la Tierra. Pero mucha gente no piensa en el otro conjunto de movimientos: norte y sur. Para los lugares al norte del trópico de Cáncer, es decir, todos los estados excepto Hawaii, el Sol está siempre en el lado sur del cielo.

—Estos árboles están al sur de la casa que da al norte, y al norte de la casa que da al sur. Debido a que ambas casa recibirán la luz del Sol desde el sur, la casa que da al norte tendrá sombra de los árboles, mientras que la casa que da al sur, estará expuesta al Sol. La casa que da al norte no recibirá tanta luz del Sol, y se mantendrá más fresca, por lo cual no tendremos que usar tanto el aire acondicionado. ¡Disminuiremos nuestro uso de electricidad, ahorrando dinero y conservando el medio ambiente!

17 Soil Solution

Reese was helping her father clean up the leaves and twigs that had fallen over the winter. It was time to get the yard and garden in shape for spring. Later they would go to the garden store, but first they had to see what they would need.

At the side of the house where a rainspout emptied out, they noticed that the grass had died, leaving bare dirt.

"We're going to have a problem with erosion this summer if we don't do something about this," her father said. *"Most of the rain we get is from those big thunderstorms, and the water runs off so fast that it'll wash away the soil if the grass isn't strong enough. The worst of it is, except for those big storms, many years it's so dry that we have water restrictions."*

There was a spigot and hose next to the garden, but Reese remembered that the previous year there had been a ban against watering lawns or gardens. Their plants had not produced many vegetables.

"Maybe we can solve both problems at once," she said, as they walked down the steep bank to the garden.

"Do you mean we should extend the downspout to the garden? The storms would just wash away the garden soil. Wouldn't that make things worse?" her father asked.

"No, I have a better idea," Reese said.

"What's that?"

Solución de la tierra

Reese estaba ayudando a su padre a limpiar las hojas y ramas que se habían caído durante el invierno. Era hora de preparar el patio y el jardín para la primavera. Luego irían a la jardinería, pero primero tenían que verificar qué cosas necesitarían.

Al lado de la casa donde vaciaba el desagüe del techo, se dieron cuenta de que la grama se había muerto, dejando la tierra expuesta.

—*Vamos a tener un problema de erosión este verano si no hacemos algo acerca de esto* —dijo el padre—. *La mayoría de la lluvia que recibimos viene de las grandes tormentas eléctricas, y el agua baja tan rápido que se llevará la tierra si la grama no está lo suficientemente fuerte. Lo peor de todo es que, con la excepción de esas grandes tormentas, muchos años son tan secos que tenemos restricciones sobre el uso del agua.*

Al lado del jardín había un grifo y una manguera, pero Reese recordó que el año anterior habían prohibido regar las plantas y los jardines. Sus plantas no habían producido muchos vegetales.

—*Tal vez podemos resolver ambos problemas a la vez* —dijo ella, mientras caminaban del talud hacia el jardín.

—*¿Quieres decir que deberíamos extender el desagüe hasta el jardín? Las tormentas se llevarían la tierra del jardín. ¿No empeoraría eso las cosas?* —preguntó su padre.

—*No, tengo una mejor idea* —dijo Reese.

—*¿Qué es?*

Soil Solution

"My idea is to have the downspout empty into a rain barrel," Reese said. *"It will capture water from the storms so the soil doesn't erode. And we'll get one of those barrels with a spigot on the bottom and run a hose from the barrel down to the garden. That way, we can water our garden even if there are water restrictions."*

Solución de la tierra

—*Mi idea es que el desagüe vierta el agua en un barril de agua de lluvia* —dijo Reese—. *Recogerá el agua de las tormentas para que la tierra no erosione. Y compraremos uno de esos barriles que tienen un grifo cerca de la base e instalaremos una manguera desde el barril al jardín. De esta forma podremos regar nuestro jardín aunque hayan restricciones de agua.*

18

Make a Wish

"Now, this is what the sky should look like," Darnell said to Isaac as they sat on the porch of their grandparents' house in the mountains.

They were miles from even the nearest small town. It was perfectly quiet except for the chirping and buzzing of insects. They had never seen so many stars.

"Let's count the stars," Isaac said. *"Has anyone ever tried that?"*

"You can start, but you'll never finish," Darnell said, going inside to get a glass of water.

When he returned, Isaac said, *"I'll bet you a week of cleaning up after dinner that I know how many stars there are."*

"You're on. How many are there?" Darnell said.

"One fewer than there was before you went inside," Isaac said triumphantly. *"When you were in there, I saw a shooting star. I never promised to give you an exact number."*

Darnell frowned. It was true, he hadn't asked for an exact number in the bet. *"So, how is that one fewer star?"* he asked.

"Because shooting stars burn up in the atmosphere," Isaac said. *"Meaning now there's one fewer."*

"Are you sure you want to keep that bet?" Darnell asked.

"Of course I'm sure. Why shouldn't I?"

Pide un deseo

18

—Así debería verse el cielo Darnell le dijo a Isaac cuando estaban sentandos en la terraza de la casa de sus abuelos en las montañas.

Estaban a kilómetros del pueblito más cercano. Había un silencio perfecto, excepto por el canto y el zumbido de los insectos. Nunca habían visto tantas estrellas.

—Contemos las estrellas —dijo Isaac—. *¿Alguien lo ha intentado alguna vez?*

—Puedes empezar, pero nunca terminarás —dijo Darnell, entrando a la casa para buscar un vaso de agua.

Cuando regresó, Isaac le dijo *—Te apuesto una semana de limpiar trastes después de la cena que sé cuántas estrellas hay.*

—Vale. ¿Cuántas hay? —preguntó Darnell.

—Hay una menos que antes de que entraras a la casa —respondió Isaac triunfante—. *Cuando estabas adentro, vi una estrella fugaz. Nunca prometí darte un número exacto.*

Darnell frunció el ceño. Era cierto, no había pedido un número exacto para la apuesta.

—Entonces, ¿cómo es que hay una estrella menos? —le preguntó.

—Porque las estrellas fugaces se queman en la atmósfera —dijo Isaac—. *Es decir, ahora hay una menos.*

—¿Seguro que quieres mantener esa apuesta? —preguntó Darnell.

—Por supuesto que estoy seguro. ¿Por qué no debería estarlo?

Make a Wish

"A 'shooting star' isn't a star," Darnell said. *"Many of them are meteorites, which are rocks from space that enter the Earth's atmosphere. They heat up and melt away as they fall, causing streaks of light that people call shooting stars or falling stars. Sometimes a broken-off piece from a space ship or satellite that falls out of orbit does the same thing. If a real star ever got that close to Earth, it would be the Earth that burned up. So, there's the same number of stars as before I went inside."*

Pide un deseo

—*Una estrella fugaz no es una estrella* —dijo Darnell—. *Muchas de ellas son meteoritos, que son piedras espaciales que entran a la atmósfera de la Tierra. Estas se calientan y se derriten a medida que van cayendo, causando rayos de luz que la gente llama estrellas fugaces. A veces hasta un pedazo de una nave espacial o un satélite que se sale de su órbita hace lo mismo. Si una estrella verdadera alguna vez llegara tan cerca de la Tierra, sería la Tierra la que se quemaría. Así que, aún siguen habiendo la misma cantidad de estrellas en el cielo como antes de que entrara.*

19 Don't Rain on My Parade

"Don't forget extra socks," Jamal's father called up the stairs as Jamal was packing his soccer bag in his bedroom.

It was early Saturday morning. Soon they would be leaving for a round-robin tournament. There would be games starting in the late morning and then all through the afternoon and into the early evening. For Jamal, it would mean a lot of running. For his parents and little sister Julissa, it would mean a lot of sitting in folding chairs and finding something to do between games.

"I have books and magazines for us and toys and coloring books for Julissa," their mother said from downstairs. *"Should we pack umbrellas and rain ponchos?"*

"I asked Julissa to watch the morning news for the weather report," their father replied.

Jamal thought Julissa might be a little too young for that chore, but he was so busy packing that he did not think too much about it.

When they gathered by the front door, Julissa reported proudly, *"The lady on TV said there would be nothing but serious clouds all day."*

"Serious clouds?" their mother asked. *"I guess we should bring the rain gear, then."*

"I wouldn't bother," Jamal said.

"Well, the games go on even if it rains, unless there's lightning," their father said. *"So you'll have to accept getting wet. But what's the point in the rest of us getting soaked?"*

"I meant that I don't think it will rain at all today," Jamal replied.

"You don't think 'serious clouds' suggest rain?"

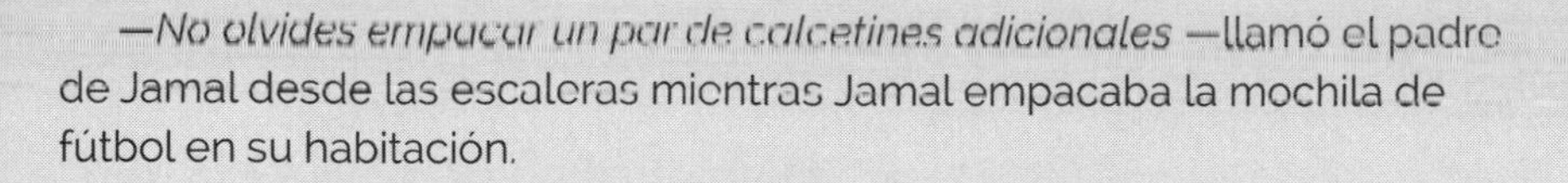

No agües mi fiesta

19

—No olvides empacar un par de calcetines adicionales —llamó el padre de Jamal desde las escaleras mientras Jamal empacaba la mochila de fútbol en su habitación.

Era la madrugada del Sábado. Pronto saldrían a un campeonato de fútbol. Habrían partidos empezando más tarde esa mañana, y continuando toda la tarde y hasta el anochecer. Para Jamal, esto significaba que estaría corriendo mucho. Para sus padres y su hermana menor Julissa, esto significaba pasar mucho tiempo sentados en sillas plegables, buscando algo que hacer entre partidos.

—Tengo libros y revistas para nosotros, y juguetes y libros de colorear para Julissa —dijo su madre desde la planta baja—. *¿Empacamos paraguas y ponchos para la lluvia?*

—Le pedí a Julissa que viera las noticias de la mañana para saber el pronóstico del tiempo —respondió su padre.

Jamal pensó que Julissa era un poco joven para esa tarea, pero estaba tan ocupado empacando, que no pensó mucho al respecto.

Cuando se reunieron todos en la puerta de entrada, Julissa les informó con orgullo:

—La señora de la tele dijo que solo habrían "nubes serias" durante todo el día.

—¿Nubes serias? —preguntó su madre—. *Entonces supongo que deberíamos llevar la ropa de lluvia.*

—Yo no me molestaría —dijo Jamal.

—Bueno, los campeonatos continúan incluso si llueve, a menos que relampaguee —dijo su padre—. *Así que tendrás que aceptar que te vas a mojar. Pero, ¿por qué deberíamos mojarnos nosotros?*

—Me refiero a que no lloverá en absoluto —respondió Jamal.

—¿No crees que "nubes serias" sugieren lluvia?

Don't Rain on My Parade

Jamal said, *"The word Julissa thought was 'serious' was likely 'cirrus.' Cirrus clouds are those high, thin clouds. They don't bring rain. Clouds that bring rain are lower and heavier—like nimbostratus clouds, which look like a thick blanket, or cumulonimbus clouds, which are the thick clouds that often come with thunderstorms. A day with nothing but cirrus clouds will not have rain."*

No agües mi fiesta

Jamal respondió, —*La palabra que Julissa interpretó como "serias" probablemente era "cirros". Las nubes cirrus son esas nubes delgadas que están bien altas. No traen lluvia. Las nubes que traen lluvia son más pesadas y están a niveles más bajos—como las nubes nimbostrato, que parecen una manta gruesa, o cumulonimbos, que son nubes gruesas que suelen venir con tormentas. Pero si no hay nada más que nubes "cirros", significa que probablemente no lloverá.*

20 Ship Shape

"Ahoy, matey!" Liam yelled, running into his older brother Theo's bedroom.

"Go back to bed," Theo growled. *"It's six o'clock in the morning! I need my sleep, you know."*

"But Theo, there's part of a shipwreck out in the ocean! It looks like it's been there for a hundred years!"

"Then it will still be there when I get up," Theo grumbled and rolled over.

It was their family's first morning of vacation after arriving late the night before at a beach they had never been to before. Liam was an early riser and had walked down to the beach just after dawn. Since Theo didn't want to get up and no one else was awake, Liam went to his room to read.

When Theo finally woke up around noon and went to the beach where his parents had already set up chairs and blankets, he saw sunburned people under umbrellas and sand crabs scurrying around, but nothing in the ocean except waves.

"Have you seen a shipwreck out there?" Theo asked his parents.

"No, but we've only been here for an hour," their father said to Theo. *"We slept in a little. Then the three of us went straight to the grocery store while you slept."*

"After we put away the groceries we came here," their mother added. *"Liam told us about a shipwreck, but we haven't seen it yet."*

"The shipwreck is out there, and I'll prove it," Liam said.

"How?" Theo asked.

Barco a la vista

—¡Ahoy, compadre! —gritó Liam, entrando a la habitación de su hermano mayor, Theo.

—Vete a dormir —gruñó Theo—. *¡Son las seis de la mañana! Sabes que necesito dormir.*

—¡Pero Theo, hay parte de un naufragio en el océano! ¡Parece haber estado ahí por cien años!

—Entonces estará ahí cuando me levante —gruñó Theo y se dio vuelta.

Era la primera mañana de sus vacaciones familiares y habían llegado tarde la noche anterior a una playa que no habían visitado antes. Liam era un madrugador y había caminado hasta la playa justo después del amanecer. Como Theo no quería levantarse y nadie más estaba despierto, Liam se fue a su habitación a leer.

Cuando Theo finalmente despertó cerca del mediodía y fue a la playa donde sus padres ya se habían instalado con sillas y mantas, vio gente quemada por el sol bajo las sombrillas y cangrejos de arena corriendo alrededor, pero nada en el océano excepto olas.

—¿Vieron un naufragio por ahí? —Theo le preguntó a sus padres.

—No, pero solo hemos estado aquí por una hora —dijo su padre—. *Nos levantamos un poco tarde. Después los tres fuimos directamente al mercado mientras dormías.*

—Vinimos acá después de guardar las compras —añadió su madre—. *Liam nos habló de un naufragio, pero no lo hemos visto todavía.*

—El naufragio está allá fuera y se los voy a demostrar —dijo Liam.

—¿Cómo? —preguntó Theo.

Ship Shape

"We just have to look for it about six hours from now," Liam said. *"I must have seen the shipwreck at low tide. Tides are caused by the gravitational pull of the Moon and are related to its orbit. A high tide comes about six hours after a low tide, and the next low tide comes about six hours after that. By the time Mom and Dad got here, the tide was already high enough to cover the shipwreck. If we look around six o'clock tonight, we should be able to see it."*

Barco a la vista

—Solo tenemos que buscarlo en seis horas —dijo Liam—. *Debo haber visto el naufragio durante la marea baja. La gravedad de la Luna causa las mareas cuando atrae al agua y las mareas están relacionadas con la órbita de la Luna. La marea alta llega más o menos seis horas después de una marea baja, y la marea baja viene más o menos seis horas después de eso. Para cuando Mamá y Papá llegaron, la marea estaba lo suficientemente alta como para cubrir el naufragio. Si miramos como a las seis de la tarde, deberíamos verlo.*

Physical and Chemical Science

Ciencias Físicas y Químicas

A Half-Baked Idea

"Save room for more!" Evelyn told her family during dinner. *"I'm making cookies for dessert!"*

Evelyn's family was vacationing at the beach, far from their home high in the mountains. She loved to bake, and since she always used the same recipes, she had them memorized. She decided that she wanted to bake a treat for her family while they were all together on vacation.

Earlier that day she had gone grocery shopping with her mother to get the supplies she needed. After dinner, all she had to do was mix the ingredients and bake them like always.

When she took the cookies out of the oven, she was appalled by what she saw. The cookies had all run together and still had not risen like they were supposed to. They looked really gross: half-burnt and half-baked.

When her older brother George walked by and saw them, he didn't make her feel any better, scrunching his nose and giving them a thumbs-down.

"Ew! What is wrong with your cookies? Did you put too much butter in them or something?" he asked.

"No! I did everything exactly the same as I normally do."

"Then that must be the problem," he said.

"What do you mean?" asked Evelyn.

Idea medio cocida

—¡Guarden espacio para más! —Evelyn le dijo a su familia durante la cena—. *¡Voy a preparar galletas para el postre!*

La familia de Evelyn estaba de vacaciones en la playa, lejos de su casa en las montañas. A ella le encantaba la repostería, y como siempre usaba las mismas recetas, las tenía memorizadas. Decidió que quería prepararle un postre a su familia mientras estaban juntos de vacaciones.

Ese día en la mañana había ido al supermercado con su madre para comprar todos los ingredientes que hacían falta, por lo que después de la cena solo tenía que combinar los ingredientes y hornearlos como de costumbre.

Cuando sacó las galletas del horno, se horrorizó con lo que vio. Las galletas se habían derretido en la bandeja y la levadura no había agrandado la masa de las galletas como se suponía. Se veían espantosas: medio quemadas y medio cocidas.

Cuando su hermano mayor George pasó por la cocina y vió las galletas, no le ayudó a sentirse mejor, arrugó la nariz y dio un dedos abajo con su pulgar.

—¡Qué asco! ¿Qué pasó con las galletas? ¿Le echaste demasiada mantequilla o algo? —preguntó.

—¡No! Hice todo exactamente igual que siempre.

—Pues ese debe ser el problema —dijo George.

—¿Qué quieres decir? —preguntó Evelyn.

A Half-Baked Idea

"The recipe you used to make the cookies was designed for high elevations," George said, *"but when you tried to make your cookies the same way down here at sea level, it didn't work quite right. You are used to baking where the elevation is higher and the air pressure is lower. At high elevations, water evaporates more easily and the leavening agents that make the dough rise, like baking powder and baking soda, work more effectively. Here, there is more air pressure to keep water from evaporating and gas from rising as easily, which is why your cookies came out so runny. The ingredients, temperature, and time that you cook them, all need to be adjusted. Why don't we look up a recipe for making these cookies at sea level and make a fresh batch?"*

Idea medio cocida

—La receta que usaste para hacer las galletas fue creada para elevación alta —dijo George—, pero cuando intentaste usar la misma receta al nivel del mar, no resultó muy bien. Acostumbras hornear en un lugar de mayor elevación, donde la presión del aire es más baja. En lugares de elevación alta, el agua se evapora más fácilmente y las levaduras que hacen inflar la masa, como el polvo de hornear y el bicarbonato de sodio, funcionan mejor. Aquí la presión del aire es más alta y no permite que el agua se evapore, o que el gas crezca tan fácilmente, es por eso que las galletas no salieron bien. Los ingredientes, la temperatura y el tiempo que usas para hornear estas galletas, todos deben ser ajustados. ¿Por qué no buscamos una receta para hacer estas galletas al nivel del mar e intentamos de nuevo?

True Colors

One sunny day, William, Ava, and Riley were helping at a neighborhood beautification project. An empty lot had been cleaned up, soil had been brought in, and earlier that day, trees and bushes had been planted. William's father was watering them with a hose.

A professional artist had sketched a mural of the city skyline and people were painting it in. The three friends were working on a section of the sky when the artist joined them.

"Looks great," she said. *"I think it's missing something, though. Let's put a rainbow right here."*

She sketched an arc to show where the rainbow should go, and then left.

"Before we start painting the rainbow, we should make sure the colors are right," Ava said. "People will know we painted it and we don't want to mess up."

William said, *"Okay, there's a memory trick to the colors of a rainbow... which I don't remember."*

"I can't remember either," Ava said.

"Or me," Riley said. *"And it would be too embarrassing to ask. We should know this."*

"Well, if we don't know and we're not willing to ask, how will we ever find out?" Ava asked.

Los verdaderos colores

Un día soleado, William, Ava y Riley estaban ayudando con un proyecto de embellezimiento comunitario. Habían limpiado un terreno baldío, habían traído tierra, y esa mañana habían sembrado árboles y arbustos. El padre de William los estaba regando con una manguera.

Un artista profesional había esbozado un mural del perfil de la ciudad y un grupo de gente estaba ayudando a pintar las imágenes. Los tres amigos estaban trabajando en una sección del cielo cuando la artista se les acercó.

—*Se ve muy bien* —dijo ella—. *Pero creo que le falta algo. Pongamos un arco iris aquí.*

Dibujó un arco para mostrar dónde debía ir el arco iris y se marchó.

—*Antes de empezar a pintar el arco iris, debemos asegurarnos que los colores estén en el orden correcto* —dijo Ava—. *La gente sabrá que nosotros lo pintamos y no querremos equivocarnos.*

William dijo, —*Bien, hay un truco para recordar el orden de los colores..., pero no lo recuerdo.*

—*Yo tampoco* —dijo Ava.

—*Ni yo* —dijo Riley—. *Y sería demasiado vergonzoso preguntar. Deberíamos saber.*

—*Bueno, si no sabemos y no estamos dispuestos a preguntar, ¿cómo vamos a descubrirlo?* —preguntó Ava.

True Colors

"We'll conduct an experiment," William said. William led them to his father and asked to use the hose for a moment. William sprayed a fine mist into the sunlight, forming a spectrum of colors.

"The water droplets cause the sunlight to break into the colors that make it up, the same as what happens in the sky when water droplets create the conditions for a rainbow," William said. *"Let's see, that's red, orange, yellow, green, blue, indigo, violet."*

"And that reminds me of the memory trick," Riley said. *"Roy G. Biv."*

—Realizaremos un experimento —dijo William. William los llevó hasta donde estaba su padre y le pidió la manguera prestada por un momento. William roció un poco de agua hacia la luz del sol, formando un espectro de colores.

—Las gotas de agua hacen que la luz del sol revele todos los colores que la componen, así como sucede cuando las gotas de agua en la atmósfera crean las condiciones para un arco iris —dijo William—. *Veamos; es rojo, naranja, amarillo, verde, azul, índigo y violeta.*

—Y eso me recuerda el truco para recordar el orden —dijo Riley—. *R. Nava Iv.*

23

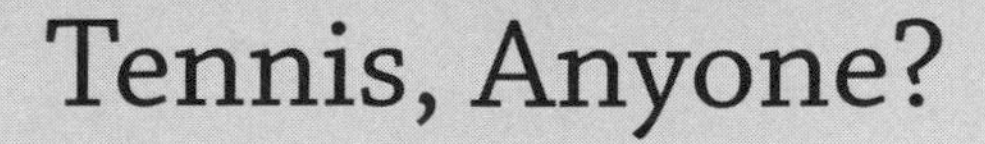

Tennis, Anyone?

"Sorry I'm late. We had to spend 10 minutes scraping the ice off the car before we could get going," Ignacio said as he joined the tennis class.

He and his friend Deshi were taking Saturday morning lessons at the tennis club's indoor courts. They both enjoyed tennis and hoped to be a doubles team when they got to high school. This was the first lesson of the new session.

The previous evening, Ignacio and Deshi had played a match there against two other friends and Ignacio's mother had driven them home. On the way out, she had stopped at the front desk and bought several new cans of balls that were required for the lessons. Deshi had closed the car trunk for her when she put them inside.

Deshi's father had bought him balls of the same brand on the way in to the lesson that morning. Since they each had new balls of the same kind, they did not bother to keep them separate as they hit to each other to warm up.

Some of the balls bounced normally, but others seemed dead.

"What is wrong with these balls?" Ignacio asked. *"Maybe we should ask for our money back."*

"Before we do that, let's set the dead balls aside for a while," Deshi said. *"They might go back to normal."*

"You don't think they are permanently messed up?" Ignacio asked.

¿Alguien quiere jugar al tenis?

23

—Lamento llegar tarde. Tuvimos que pasar 10 minutos raspando el hielo del coche antes de poder salir —dijo Ignacio al llegar a la clase de tenis.

Él y su amigo Deshi tomaban clases de tenis los Sábados por la mañana en una cancha interior del club de tenis. A los dos les encantaba el tenis, y querían jugar como equipo de dobles en la secundaria. Esta era la primera lección del curso.

La noche anterior, Ignacio y Deshi habían jugado ahí contra otros dos amigos y la madre de Ignacio los había llevado a casa. A la salida, había parado en la recepción y había comprado varias latas de pelotas de tenis que necesitarían para las lecciones. Deshi había cerrado el maletero del coche después de que ella las había puesto dentro.

El padre de Deshi había comprado pelotas de la misma marca de camino a la lección de esa mañana. Cómo los dos tenían pelotas de la misma marca, no se preocuparon en separarlas mientras las usaban para calentar.

Algunas pelotas rebotaban como de costumbre, pero otras parecían estar muertas.

—¿Qué le pasa a estas pelotas? —preguntó Ignacio—. *Tal vez deberíamos pedir que nos devuelvan el dinero.*

—Antes de hacer eso, dejemos las pelotas muertas a un lado por un momento —dijo Deshi—. *Puede que vuelvan a la normalidad.*

—¿No crees que estan dañadas permanentemente? —preguntó Ignacio.

Tennis, Anyone?

Deshi said, *"You left the balls in the trunk of your car overnight, didn't you? They got cold in there and lost some of their bounciness because they stiffened up. In other words, they lost elasticity when they got cold. Also, since air contracts when it gets cold, it would make the air pressure in the tennis balls lower, making them seem flat and less bouncy. When they get back to room temperature, they should be okay."*

¿Alguien quiere jugar al tenis?

Deshi dijo, *—dejaste las pelotas en el maletero del coche durante la noche, ¿no? Ahí se enfriaron, y perdieron parte de su rebote porque se endurecieron. En otras palabras, perdieron la elasticidad cuando se enfriaron. Además, como el aire se contrae cuando se enfría, bajó el nivel de presión del interior de las pelotas, haciéndolas parecer vacías y afectando cómo rebotan. Cuando vuelvan a la temperatura ambiental, estarán bien.*

Flying High

Sam and Jeffrey's grandfather had been a pilot in the Air Force years ago. One of his favorite places to take them was the annual air show at a nearby military base.

There were old biplanes, planes from World War II, and modern jets doing stunts and precision flying. There were also parachute drops, hot air balloon rides, and even a blimp.

Their grandfather had flown many kinds of planes and liked to tell Sam and Jeffrey about them.

As they pulled into the parking lot, they heard a loud bang.

"I hope there wasn't a plane crash," Sam said.

"I think it was a cannon. Maybe as a signal that the show is about to start," Jeffrey said.

Their grandfather laughed.

"Cannons are the Army's department, not the Air Force's. And I wouldn't worry that a plane crashed," he said. *"We'd be hearing sirens if that happened."*

"Wait, I remember from last time," Jeffrey said. *"The sound comes from a plane, but not from a crash."*

"You mean it fired a missile?" Sam asked.

Volando alto

24

El abuelo de Sam y Jeffrey había sido piloto de las Fuerzas Aéreas muchos años atrás. Uno de sus sitios favoritos para llevar a sus nietos era el espectáculo aéreo anual en una base militar cercana.

Habían viejos biplanos, aviones de la Segunda Guerra Mundial, y aviones de propulsión a chorro modernos haciendo acrobacias y vuelos de precisión. También habían paracaidistas, paseos en globos aerostáticos, y hasta un dirigible.

Su abuelo había volado muchos tipos de aviones y le gustaba contarle historias a Sam y a Jeffrey.

Entrando al estacionamiento, escucharon una explosión.

—*Espero que no se haya estrellado un avión* —dijo Sam.

—*Creo que fue un cañón. Tal vez como una señal que el espectáculo está a punto de empezar* —dijo Jeffrey.

Su abuelo se echó a reír.

—*Los cañones son de las Fuerzas Armadas, no de la Fuerza Aérea. Y no me preocuparía que un avión se haya estrellado* —dijo el abuelo—. *Ya estaríamos escuchando sirenas si eso hubiese pasado.*

—*Espera, recuerdo de la última vez* —dijo Jeffrey—. *El sonido proviene de un avión, pero no de un accidente.*

—*¿Quieres decir que el avión disparó un cohete?* —preguntó Sam.

Flying High

"What we heard was a sonic boom," Jeffrey said. *"A jet must have flown over us going faster than the speed of sound."*

"Sound travels at about 760 miles, or 1,225 kilometers, per hour, though the exact speed can vary by temperature and for other reasons," their grandfather said. *"What happens is that the air in front of the airplane gets compressed so much from the high speed of the plane that it creates a shock wave that sounds like an explosion—a sonic boom."*

—Lo que escuchamos fue una explosión sónica —dijo Jeffrey—. *Un avión de propulsión a chorro debe haber pasado sobre nosotros, volando más rápido que la velocidad del sonido.*

—Que es más o menos 760 millas, o 1,225 kilómetros, por hora, aunque la velocidad exacta puede variar según la temperatura y otras razones —dijo el abuelo—. *Lo que sucede es que el aire frente al avión se comprime tanto por la alta velocidad a la que vuela el avión que crea un frente de choque que suena como una explosión—una explosión sónica.*

Eggcellent Idea

"Mom, where are you?" Carol called as she unlocked the back door and entered the kitchen.

Three other equally sweaty and hungry girls followed her after playing a pick-up soccer game on the field near Carol's house.

On the table, they saw a note from Carol's mother. It said:

Had to run an errand.
Will be back around one.
You and your friends can
help yourselves to lunch.
Eggs are in the fridge."

"This morning Mom boiled a dozen eggs to make egg salad sandwiches. I know how to make them," Carol said as she opened the refrigerator.

Two identical egg cartons were inside.

"How do we know which dozen is hard-boiled?" Bianca asked. *"If we crack one open and it's still raw, we're wasting an egg and making a mess."*

"How about seeing if any are still warm?" Jade suggested. *"Or still wet from being in the water?"*

Carol brought out both egg containers and felt the eggs. All the eggs were cold and dry.

"That doesn't help. They're all the same. I think we have to guess," she said.

"We don't have to guess," Lucy said.

All their heads turned toward her.

Excelente idea

—Mamá, ¿dónde estás? —preguntó Carol al abrir la puerta trasera y entrar en la cocina.

La seguían tres niñas, igualmente sudadas y hambrientas, que venían de jugar un partido de fútbol informal en el campo que quedaba cerca de la casa de Carol.

Sobre la mesa vieron una nota de la madre de Carol. Decía:

Tuve que salir a hacer un mandado.
Volveré como a la una.
Tú y tus amigas pueden
prepararse el almuerzo.
Hay huevos en la nevera.

—Esta mañana Mamá hirvió una docena de huevos para hacer sándwiches con ensalada de huevo. Yo sé cómo hacerlos —dijo Carol abriendo la nevera.

Habían dos cartones de huevos idénticos.

—¿Cómo sabemos cuál docena está cocida? —preguntó Bianca—. *Si rompemos un huevo y está crudo, desperdiciaremos uno y haremos un desorden.*

—¿Qué tal si vemos si algunos todavía están calientes? —dijo Jade—. *¿O todavía mojados por haber estado en agua?*

Carol sacó los dos cartones y tocó los huevos. Todos estaban fríos y secos.

—Eso no ayuda. Todos están iguales. Creo que tenemos que adivinar —dijo ella.

—No tendremos que adivinar —dijo Lucy.

Todas las amigas la miraron.

Eggcellent Idea

Lucy explained, *"Spin the eggs here on the counter. They will spin differently. The raw ones will spin more slowly than the hard-boiled ones because the hard-boiled eggs have been cooked solid, but the liquid inside of the raw eggs will slow the eggs down. That's how we will be able to tell which eggs are which."*

Una idea excelente

Lucy explicó, —*Gira los huevos aquí, en el mostrador. Van a girar de manera diferente. Los crudos girarán más lentamente que los cocidos. Esto sucede porque los huevos duros son sólidos, pero el líquido dentro del huevo crudo reduce la velocidad. Así podremos saber cuáles son cuáles.*

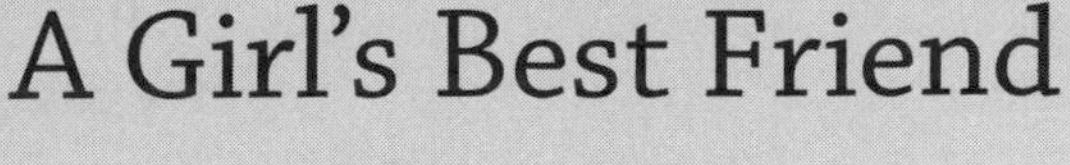

26 A Girl's Best Friend

"Happy birthday to you," Samara's friends ended the song in the lunchroom as she turned red from embarrassment.

Samara had brought cupcakes from home that morning and now was giving the last ones to the girls she ate lunch with every day, Natalia and Violet.

"Hey, what's with the two necklaces?" Violet asked. She noticed for the first time that Samara was wearing her usual necklace of wooden beads and also one Violet had not seen before with a small, shiny, clear stone dangling on a silver chain.

"My parents gave it to me last night. It's my birthstone," Samara said. *"A diamond for April."*

"Wow, a real diamond? You have to take good care of that," Natalia said.

"I'm only going to wear it to special places, not every day. I only wore it today to show you guys," Samara said. *"But this is a strong necklace, so I'm not worried about the stone falling off."*

"I was thinking about the diamond getting scratched by rubbing against your other necklace," Violet said.

"I don't think she has to worry about that," Natalia said.

"Why not?" Violet asked.

La mejor amiga de una niña

26

—Feliz cumpleaños a ti —cantaban las amigas de Samara en la cafetería mientras ella se ponía colorada de la vergüenza.

Esa mañana Samara había traído magdalenas de su casa, y ahora le estaba dando las que quedaban a las niñas con quien almorzaba todos los días, Natalia y Violeta.

—Eh, ¿qué hay con los dos collares? —preguntó Violeta. Notó por primera vez que Samara llevaba el collar de cuentas de madera de siempre y además uno que Violeta no había visto antes con una piedrecita transparente y brillante que colgaba de una cadena de plata.

—Mis padres me lo dieron anoche. Es mi piedra de nacimiento —dijo Samara—. *Un diamante para abril.*

—¡Wow! ¿Un verdadero diamante? Tienes que cuidarlo muy bien —dijo Natalia.

—Solo voy a usarlo cuando vaya a lugares especiales, no todos los días. Me lo puse hoy para mostrárselo a ustedes —dijo Samara—. *Igual esta cadena es bastante fuerte y no me preocupa que la piedra se caiga.*

—Pensaba que el diamante se rayaría frotando contra el otro collar —dijo Violeta.

—No creo que tenga que preocuparse por eso —dijo Natalia.

—¿Por qué no? —preguntó Violeta.

A Girl's Best Friend

Mohs Scale of Mineral Hardness

Mohs hardness	Mineral	Chemical formula	Absolute hardness	Image
1	Talc	$Mg_3Si_4O_{10}(OH)_2$	1	
5	Apatite	$Ca_5(PO_4)_3(OH^-,Cl^-,F^-)$	48	
7	Quartz	SiO_2	100	
9	Corundum	Al_2O_3	400	
10	Diamond	C	1600	

"Because a diamond is one of the hardest substances there is," Samara said. *"Remember that 10-level scale of mineral hardness from science class? It's called Mohs Scale. Diamonds are at the top. The diamond might get a little dirty rubbing against the wooden beads, but it won't get scratched."*

—*Porque el diamante es una de las sustancias más duras que existe* —dijo Samara—. *Recuerdan la escala de los 10 niveles de dureza mineral de la clase de ciencias? Se llama la Escala de Mohs. Los diamantes están en la parte superior. Puede que el diamante se ensucie un poco al rozar contra las cuentas de madera, pero no va a rayarse.*

Escala de dureza mineral Mohs

Dureza de Moh	Mineral	Fórmula química	Dureza absoluta	Imagen
1	Talco	$Mg_3Si_4O_{10}(OH)_2$	1	
5	Apatita	$Ca_5(PO_4)_3(OH^-,Cl^-,F^-)$	48	
7	Cuarzo	SiO_2	100	
9	Corindón	Al_2O_3	400	
10	Diamante	C	1600	

Tea Troubles for Two

Olivia's mother opened the apartment door carrying groceries and Olivia helped take them into the kitchen. Her younger brother, Austin, joined them and started to unload the bags, but he stopped when he saw their mother had bought him the latest edition of his favorite comic book series.

Olivia noticed a box of tea different from the brand their mother usually used.

"I thought I'd try that kind. It looked good," their mother said. *"Austin, would you make me a cup of that tea while Olivia and I go down for the rest of the bags?"*

They had to take the elevator to the parking garage and the trip down and back up took a number of minutes.

When they returned, Austin had disappeared into his bedroom with the comic book. A cup of water was sitting on the counter with a teabag in it. The water had barely changed color.

"I guess this brand of tea takes longer," their mother said, glancing at it.

They didn't touch it while they put away the groceries. When they finished, the water still had barely changed color.

"I don't know if I'm going to like this brand of tea if it's so weak," their mother said.

"I wouldn't give up on it so soon," Olivia said.

"Do you mean I should wait even longer?"

Dilema de té para dos

La madre de Olivia abrió la puerta del apartamento cargada de bolsas del supermercado y Olivia la ayudó a llevarlas a la cocina. Su hermano menor, Austin, les ayudó a descargar las bolsas, pero paró cuando vió que su madre le había comprado la última edición de su serie de caricaturas favorita.

Olivia notó una caja de té distinta a la marca que su madre normalmente usaba.

—*Pensé probar este tipo. Se veía bueno* —dijo su madre—. *Austin, ¿me preparas una taza de té mientras que Olivia y yo bajamos por las demás bolsas?*

Tenían que tomar el ascensor hasta el garaje y el viaje ida y vuelta tomó varios minutos.

Cuando regresaron, Austin había desaparecido a su dormitorio con la revista. Había una taza con agua sobre la mesa y una bolsita de té dentro. El agua apenas había cambiado de color.

—*Supongo que esta marca de té lleva más tiempo* —dijo su madre, mirando el té.

No lo tocaron mientras guardaban la compra. Cuando terminaron, el agua seguía sin color.

—*No sé si me va a gustar esta marca de té si es tan débil* —dijo la madre.

—*Yo no la descartaría tan pronto* —dijo Olivia.

—*¿Quieres decir que debo esperar aún más tiempo?*

Tea Troubles For Two

"The problem may be the water, not the tea. Maybe Austin didn't get the water hot enough, or maybe he didn't heat it at all," Olivia said. *"We haven't checked that. Heating something increases the motion of its molecules, which, in this case, causes the water molecules to extract more flavor and color from the tea leaves."*

Her mother touched the cup.

"You're right, it's cold. I'll have to teach Austin the right way to make tea."

—Puede que el problema sea el agua, no el té. Tal vez Austin no calentó el agua lo suficiente, o tal vez no la calentó en lo absoluto —dijo Olivia—. *No hemos verificado eso. Calentar algo hace que las moléculas se muevan más rápidamente, lo cual, en este caso, causa que las moléculas de agua extraigan más sabor y color de las hojas de té.*

Su madre tocó la taza.

—Tienes razón, está fría. Tendré que enseñarle a Austin la manera correcta de preparar un té.

28 Finding a Solution

Spring had turned the corner and twins Frances and Fiona were pleased that they could start spending time outside in their backyard. The family's yard was sheltered by trees with long branches, perfect for the girls' hobby of bird-watching.

Frances had the job of mixing sugar in water for their hummingbird feeder. In the past, the girls noticed that more hummingbirds came to the feeder when they used a more sugary mix. This year Frances had decided to make the mix as sweet as possible. In the kitchen, she added sugar to hot water until sugar started collecting in the bottom of the pot even while she was stirring it. Then she filled the feeder with the water solution.

"I just love it when we get to see so many hummingbirds!" Frances said as she screwed the lid onto the feeder.

The girls hung the feeder on a tree branch where they could watch from their deck. It took a few days for the hummingbirds to start coming, and when they did, the birds left almost instantly each time.

The girls went out to check the feeder.

"I think I see the problem," Fiona said, scraping powder from the feeding holes.

"Where did that come from?" Frances asked.

"The birds can't get the mix out of the feeder," Fiona said. *"This powder clogging the holes is sugar."*

"I didn't put any sugar on the outside," Frances protested. *"And I stopped adding sugar to the water when the sugar started collecting at the bottom of the water even when I was stirring it. I know that when there's as much sugar as the water can hold, the water is saturated and can't dissolve any more sugar. Isn't that right?"*

Hallando la solución 28

La primavera había llegado y las gemelas Frances y Fíona estaban contentas de que podrían empezar a pasar tiempo afuera en su jardín. El jardín de la familia estaba cubierto por árboles con ramas largas; el sitio perfecto para el pasatiempo de las gemelas de avistar aves.

Frances tenía la labor de mezclar azúcar con agua para el bebedero de los colibríes. En el pasado, las niñas habían notado que mientras más dulce preparaban el almíbar, más colibríes venían. Este año Frances había decidido hacer la mezcla lo más dulce posible. En la cocina, agregó el azúcar al agua caliente hasta que el azúcar empezó a acumularse al fondo de la hoya aun cuando revolvía el agua. Luego llenó el bebedero de los pájaros con la solución de agua.

—*¡Me encanta cuando vemos muchos colibríes!* —exclamó Frances, tapando el bebedero.

Las niñas colgaron el bebedero de una rama que podían observar desde su terraza. Pasaron varios días antes de que empezaran a aparecer los colibríes, y cuando por fin llegaban, se iban casi al instante.

Las niñas fueron a revisar el bebedero.

—*Creo que veo el problema* —dijo Fiona, raspando polvo de los hoyos en el bebedero.

—*¿De dónde salió eso?* —preguntó Frances.

—*Los pájaros no pueden sacar la mezcla del bebedero* —dijo Fiona—. *Este polvo que está obstruyendo las aperturas en el bebedero es azúcar.*

—*Pero yo no puse azúcar en la parte de afuera* —protestó Frances—. *Y dejé de agregarle azúcar al agua cuando se empezó a acumular en el fondo mientras la revolvía. Sé que cuando el agua ya no aguanta más azúcar, está saturada y no puede disolver más. ¿No es cierto?*

Finding a Solution

"Yes," Fiona said, *"but hot water can hold more sugar than cool water—that is, the saturation point is higher when the water is hotter. Once the water cools, some of the sugar can't stay in the solution and the sugar precipitates—it reforms into crystals and collects at the bottom. That sugar is blocking the sweetened water from getting out, so the hummingbirds leave. Let's clean it out and try again with less sugar."*

Hallando la solución

—*Sí* —dijo Fiona—, *pero el agua caliente aguanta más azúcar que el agua fría—es decir, el punto de saturación es mayor cuando el agua está caliente. Una vez el agua se enfría, no todo el azúcar puede permanecer en la solución y se precipita—formando cristales que se acumulan en el fondo. El azúcar está tapando la salida del almíbar, por lo que los colibríes se van. Limpiemos bien el bebedero e intentemos de nuevo con menos azúcar.*

29 Drafty Days

Stefan's mother came in the front door with his younger brother and sister, Nik and Teodora. She had brought them back from different parties and was carrying paper streamers she had loaned as decorations.

Nik had been at a season-end party for his T-ball team. The party had been at a pizza restaurant that had a rack of free helium balloons on strings by the exit. Nik, of course, had taken one, as he always did, and also brought home a goodie bag of candy and his team trophy.

Teodora, the youngest, had been at a birthday party. As part of her goodie bag, she had gotten a bright green kazoo and a feather boa which was wrapped around her neck and already dropping feathers.

Meanwhile, Stefan and his father had gone to the hardware store to buy insulation and weather stripping. The weather had just turned colder and the house was feeling drafty and chilly.

"How's it going?" Stefan's mother asked.

"Well, we have the supplies we need," Stefan's father said. *"But the problem is, we can't figure out where the draft is coming from. It could be from the windows, the chimney, the doors, or the attic steps. Or maybe all of them."*

"Actually, Nik and Teodora just brought in something that will give us the answer," Stefan said.

Sigue la corriente

29

La madre de Stefan entró por la puerta de la casa con los hermanos menores de Stefan, Nik y Teodora. Los había ido a recoger de distintas fiestas y traía en la mano unas cintas de papel crespón que había prestado para las decoraciones.

Nik había estado en una fiesta de fin de temporada de su liga de T-ball. La fiesta había sido en una pizzería que tenía un estante de globos de helio para regalar en la puerta de salida. Como de costumbre, Nik había tomado uno, y además cargaba el trofeo del equipo y una canastita de caramelos.

Teodora, la más pequeña, había estado en una fiesta de cumpleaños. Su canastita incluía un kazoo verde limón y una boa de plumas que traía envuelta alrededor de su cuello y que ya estaba soltando plumas por todos lados.

Mientras tanto, Stefan y su padre habían ido a la ferretería a comprar material para aislamiento y burletes. El clima se había puesto frío, y ya se sentían corrientes de aire por toda la casa.

—*¿Cómo les va?* —preguntó la madre de Stefan.

—*Bueno, tenemos los materiales que necesitamos* —dijo el padre de Stefan—. *El problema es que no podemos determinar de dónde vienen estas corrientes de aire. Podría ser de las ventanas, la chimenea, las puertas, o de las escaleras del ático. O tal vez de todos esos lugares.*

—*De hecho, Nik y Teodora acaban de traer algo que nos dará la respuesta* —dijo Stefan.

Drafty Days

"What we need is something light enough to show where there's just a slight movement of air, which is what a draft is," Stefan said. *"Even a feather or a streamer probably would be too heavy. But a helium balloon is lighter than air. Let's take the balloon to all the places the draft might be coming from. Wherever it moves, we'll know there's air in motion."*

Sigue la corriente

—Lo que necesitamos es algo lo suficientemente liviano para mostrarnos dónde hay un ligero movimiento de aire, es decir, una corriente de aire —dijo Stefan—. *Aun una pluma o el papel crespón es muy pesado. Pero un globo de helio es más liviano que el aire. Llevemos el globo por todos los lugares de donde podría estar entrando la corriente. Donde quiera que se mueva, sabremos que el aire está en movimiento.*

30 Tricks with Bricks

Kyo, Kei, and their father walked out of the house after lunch on a hot and sunny day and admired the work that they had done so far on their sidewalk project. They had spent the morning preparing the walkway in front of their house, making an even layer of gravel and sand.

The bricks had been delivered a few days before. The boys were excited to finally use them to build the new sidewalk. Their father had experience with bricklaying and he was teaching them about it.

Half of the bricks were black, the other half white. They were going to make a pattern in the sidewalk, each boy taking one color.

Kei took several white bricks and arranged them in the first row along the straight line their father had strung across the walkway, while his younger brother Kyo watched. Just as Kyo was about to go get the first black bricks, their father stopped him and handed him a pair of work gloves.

The boys walked over to the bricks and Kyo put the gloves in his back pocket rather than wearing them.

"Dad doesn't think I'm old enough or strong enough to do this with my bare hands," he whispered to Kei. *"But I am."*

As Kyo reached for the first brick, Kei said, *"Hold on, that's not the reason he gave you the gloves."*

"What was the reason, then?" Kyo asked.

Trucos con ladrillos

30

Kyo, Kei y su padre salieron de la casa después del almuerzo en un día caluroso y soleado, y admiraron el trabajo que ya habían completado en el proyecto de la acera. Habían pasado la mañana preparando el camino frente a la casa, colocando una capa plana de arena y gravilla.

Los ladrillos habían sido entregados unos días antes. Los niños estaban emocionados de que por fin los usarían para construir la nueva acera. Su padre tenía experiencia colocando ladrillos y les estaba enseñando cómo hacerlo.

La mitad de los ladrillos eran negros, y la otra mitad blancos. Iban a crear un diseño en la acera, cada niño usando un color.

Kei tomó varios ladrillos blancos y los colocó en la primera fila a lo largo del hilo que su padre había tendido atravesando la acera, mientras que su hermano menor Kyo observaba. Justo cuando Kyo iba a agarrar los primeros ladrillos negros, su padre lo detuvo y le dio un par de guantes de trabajo.

Los chicos se acercaron a los ladrillos y Kyo se metió los guantes en el bolsillo trasero en lugar de ponérselos.

—Papá no cree que soy lo suficientemente grande o fuerte para hacer esto con mis propias manos —le susurró a Kei—. *Pero sí lo soy.*

Cuando Kyo iba a agarrar el primer ladrillo, Kei le dijo *—Espera, esa no es la razón por la cual papá te dio los guantes.*

—¿Cuál es la razón entonces? —preguntó Kyo.

Tricks with Bricks

"The bricks have been sitting out in the sun all day," Kei said. *"They are going to be way too hot to touch."*

"But the white ones weren't too hot for you," Kyo retorted. *"Why would the color make any difference?"*

"Black objects absorb all visible light. That means they absorb more energy from sunlight than white objects, which reflect light rather than absorb it. That makes the black bricks hotter. Probably too hot to handle," Kei said.

Kyo put his hand above the black bricks, felt the heat radiating off them, and put on the gloves. *"Thanks Kei!"* Kyo said. *"You just saved me from a bunch of blisters!"*

—Los ladrillos han estado al sol todo el día —dijo Kei—. *Estarán demasiado calientes para tocarlos.*

—Pero los blancos no estaban demasiado calientes para ti —Kyo contestó—. *¿Qué diferencia hacen los colores?*

—Los objetos negros absorben toda la luz visible. Eso significa que absorben más energía de la luz solar que los objetos blancos, los cuales reflejan la luz en lugar de absorberla. Eso hace que los ladrillos negros estén más calientes. Probablemente demasiado calientes para recoger con tus manos —dijo Kei.

Kyo puso su mano sobre los ladrillos negros, sintió el calor que irradiaba de ellos, y se puso los guantes. —*¡Gracias Kei!* —Kyo exclamó—. *¡Me salvaste de un montón de ampollas!*

General Science

Ciencias Generales

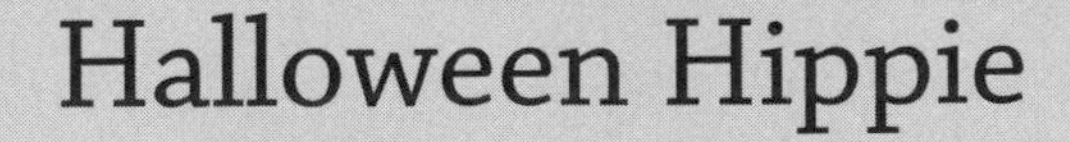

31 Halloween Hippie

"Hey, I have an old picture of my grandma looking just like that, only it wasn't a costume to her," Kassandra said as Ingrid walked into the homeroom. *"She said they actually thought they looked cool."*

Their school normally had a dress code, but it was Halloween and everyone had come in wearing costumes. Ingrid was dressed like a hippie. She had a tie-dyed shirt, beads, sandals, and sunglasses with orange lenses shaped like hearts.

Ingrid took off the sunglasses for class, but put them back on in the afternoon when it was time to get ready for the Halloween party. The class was decorating the classroom and painting signs for the school parade.

Quan, who thought he was funny, was hanging decorations upside down. Preston was pretending to sword fight in his pirate costume with a paint brush, and Ricky was playing with fake blood after putting some on his zombie costume.

When it was almost time for the parade, Kassandra noticed that one of the signs had been decorated with a red, rather than orange, pumpkin.

"Okay, who's the joker here?" Kassandra asked. She looked around the room for a guilty face.

Día de las brujas psicodélico

31

—Oye, tengo una foto vieja de mi abuela vestida como tú, solo que ella no estaba disfrazada —dijo Kasandra cuando Ingrid entró al salón de clases—. *Dijo que en su época creían verse muy bien.*

Normalmente su colegio tenía un código de vestimenta, pero era Halloween, el día de las brujas, y todos habían ido a la escuela disfrazados. Ingrid estaba vestida de hippie. Traía puesta una camisa de colores al batik, cuentas de colores, sandalias, y unas gafas con lentes color naranja en forma de corazones.

Ingrid se quitó las gafas durante la clase, pero se las volvió a poner en la tarde a la hora de prepararse para la fiesta. Los alumnos estaban decorando el salón y pintando letreros para el desfile de la escuela.

Quan, que pensaba que era muy chistoso, estaba colgando decoraciones al revés. Preston fingía que luchaba a espadas en su disfraz de piratas, y Ricky jugaba con sangre artificial después de ponerse un poco en su disfraz de zombi.

Al acercarse la hora del desfile, Kassandra se dio cuenta de que uno de los letreros había sido decorado con una calabaza roja en vez de naranja.

—¿A ver, quién es el chistoso? —preguntó Kassandra. Miró alrededor del salón en busca de una cara culpable.

Halloween Hippie

"I see now," Kassandra said. *"It's your orange-colored sunglasses, Ingrid. They make everything look the same color to you. They're acting as filters so that light of only some colors comes through to your eyes, but other colors are blocked. What you thought was orange paint is actually red. Take off those sunglasses and you'll see."*

"Oops," Ingrid said, laughing. *"I guess we'll just paint some flames on it and call it a pumpkin on fire!"*

Día de las brujas psicodélico

—Ahora veo —dijo Kasandra—. *Es el color naranja de tus gafas de sol, Ingrid. Hacen que todo se vea del mismo color. Actúan como filtros que permiten que algunos colores lleguen a tus ojos, pero otros sean filtrados. Lo que tú pensabas que era pintura naranja, es en realidad pintura roja. Quítate las gafas y verás.*

—Vaya —dijo Ingrid riendo—. *¡Pintémosle algunas llamas de fuego y llamémosle una calabaza en llamas!*

32 Weighting Game

"Row, row, row your boat," Antoine chuckled as he, Mikel, and their cabinmates walked to the lake. It was the last full day of camp, and they had prepared all week for the boat race of their cabin against another cabin of boys the same age. The boats would go from the dock, around a marker near the far end of the lake, and then back to the dock.

"Bad news, guys," a counselor named Nick said when the two groups reached the dock. He was holding the orange ball with a handle that was used as the floating marker.

"The rope that was holding this broke," Nick said. *"I have a new rope, but we need a new anchor to hold the marker in place. The 'pre-competition' is to find something heavy that we can use as the anchor. The first team to come back here with something to use gets a two boat-length head start in the race."*

Both teams dashed away to find something heavy. Antoine noticed that the boys from the other team were going into the sports shed, while his group was looking around the stable nearby.

A boy from the other cabin soon emerged from the shed carrying a bowling pin, and their team started running back to the dock, laughing and cheering.

"Oh no!" Mikel said. *"They found something really heavy before we did."*

"Don't worry," Antoine smiled as he picked up a horseshoe.

"But they're already on their way!" Mikel said. *"What can we do?"*

Juegos pesados

32

—*Rema, rema, rema tu bote* —Antoine cantaba riéndose mientras Mikel y sus compañeros de cabina caminaban hacia el lago. Era el último día del campamento y llevaban toda la semana preparándose para una regata entre su cabaña y otra con niños de la misma edad. Los barcos saldrian del muelle, le darian la vuelta a un marcador al lado contrario del lago, y regresarian al muelle.

—*Malas noticias, chicos* —les dijo Nick, un consejero, cuando los dos equipos llegaron al muelle. Llevaba por el mango la boya anaranjada que usarian como marcador.

—*La cuerda que ataba la boya se rompió* —dijo Nick—. *Tengo una cuerda nueva, pero necesitamos un ancla que mantenga la boya en su sitio. La "pre-competencia" es encontrar algo pesado que podamos utilizar como ancla. El primer equipo que regrese con algo que podamos usar recibirá una ventaja equivalente a la distancia de dos barcos al empezar la regata.*

Ambos equipos salieron corriendo en busca de algo pesado. Antoine vio al otro equipo entrar en el almacen de equipo deportivo, mientras que su equipo buscaba dentro de un establo cercano.

Un chico de la otra cabaña salió del almacén con un pino de bolos, y su equipo salió corriendo hacia el muelle entre gritos y carcajadas.

—*¡Oh no!* —dijo Mikel—. *Encontraron algo bien pesado antes que nosotros.*

—*No te preocupes* —Antoine sonrió levantando una herradura.

—*¡Pero ya van de camino!* —dijo Mikel—. *¿Qué podemos hacer?*

Weighting Game

"They may get there first, but we're going to get that head start in the boat race," Antoine said. *"A bowling pin won't work as an anchor."*

"But bowling pins are really heavy—heavier than a horseshoe, for sure," Mikel said.

"It's not how much something weighs that determines whether it sinks in water; it's the density of the object compared with the density of water," Antoine said. *"This horseshoe will sink because the density of the iron it's made of is higher than the density of water. A bowling pin is made of wood, which is less dense than water, so it will float."*

Juegos pesados

—*Puede que lleguen primero, pero nosotros nos ganaremos la ventaja en la regata* —dijo Antoine—. *Un pino de bolos no funcionará como ancla.*

—*Pero son bien pesados—seguramente más pesados que una herradura* —dijo Mikel.

—*No es el peso lo que determina si algo se hunde en el agua; es la densidad del objeto en comparación con la densidad del agua* —dijo Antoine—. *Esta herradura se hundirá porque la densidad del hierro es más alta que la densidad del agua. Los pinos de bolos son de madera, y la madera es menos densa que el agua, por lo cual va a flotar.*

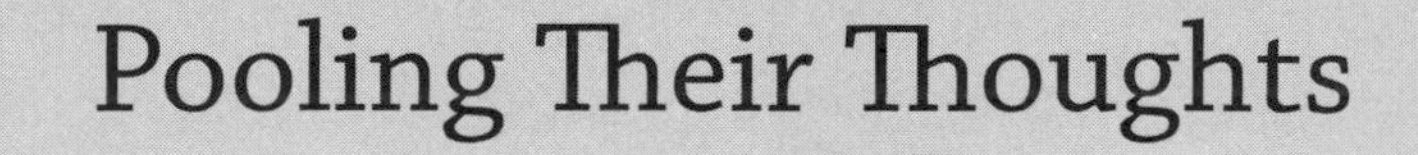

33 Pooling Their Thoughts

Leo's older brother Zane had just started working as a lifeguard at their neighborhood pool. When the lifeguards weren't on duty in a chair or doing other jobs like working at the front desk, they went to their break room. It was a converted storage room down a hallway inside the bath house.

Leo knocked on the closed door and called, *"Zane? Mom told me to bring you more suntan lotion. She says you look like a lobster."*

"Come in," Zane said, opening the door. *"Watch your step. Those floor tiles are always slippery."*

Leo looked around. The room had some old chairs and a table where several lifeguards were eating pizza. A radio was playing, and towels and swimsuits were hanging on drying racks. But what Leo noticed most was how uncomfortable the air was.

"Wow, how can you stand it in here?" Leo asked.

"Yeah, it's pretty muggy," Zane said. *"There's no air conditioning and no window to open or put an air conditioner in. And they make us keep the door closed so the music doesn't bother anyone. Still, it's the only place for us to hang out."*

"I know what you could do to make it feel less sticky, at least," Leo said.

"You mean get a fan?" Zane asked.

Una pileta de ideas

33

Zane, el hermano mayor de Leo, acababa de empezar a trabajar como salvavidas en la piscina del barrio. Cuando los salvavidas no estaban de guardia en una silla o haciendo otros trabajos como atendiendo la recepción, se iban a su sala de reposo. La sala de reposo era un viejo almacén al final de un pasillo en el área de vestidores de la piscina.

Leo tocó a la puerta y llamó —*¿Zane? Mamá me dijo que te trajera más protector solar. Dice que pareces una langosta.*

—*Entra* —dijo Zane, abriendo la puerta—. *Cuidado con el piso. Estas baldosas resbalan.*

Leo miró a su alrededor. La sala tenía unas sillas viejas y una mesa en la cual varios salvavidas estaban comiendo pizza. Se escuchaba la radio, y habían toallas y trajes de baño colgados en tendederos. Pero lo que más notó Leo era lo incómodo que se sentía el aire.

—*¡Uf! ¿Cómo aguantan este lugar?* —preguntó Leo.

—*Sí, hay bastante humedad* —dijo Zane—. *No hay aire acondicionado ni una ventana que podamos abrir o donde podamos poner un aire acondicionado. Además, nos obligan a mantener la puerta cerrada para que la música no moleste a nadie. Aun así, es el único lugar donde podemos pasar el rato.*

—*Yo sé lo que podrían hacer para que por lo menos el aire se sienta menos pegajoso* —dijo Leo.

—*¿Quieres decir, conseguir un ventilador?* —preguntó Zane.

Pooling Their Thoughts

"No, a fan wouldn't solve the problem. The problem is that the humidity of the air is so high from all these wet towels and bathing suits," Leo said. *"Warm air can hold more moisture than cooler air. It feels so sticky in here because your body doesn't cool itself as well—the moisture on your skin evaporates more slowly into air that's already holding so much water. A fan will just blow that damp air around. Since there's no window for an air conditioner, what you need is a dehumidifier. If you reduce the amount of moisture in the air, it will feel cooler."*

—No, un ventilador no resolverá el problema. El problema es la cantidad de humedad en el aire que causan las toallas y trajes de baños mojados —dijo Leo—. *El aire caliente retiene más humedad que el aire frío. Se siente pegajoso aquí adentro porque sus cuerpos no pueden refrescarse, la humedad en la piel se evapora más lentamente cuando el aire carga mucha agua. Un ventilador solo soplaría el aire húmedo. Como no hay ventanas para un acondicionador, lo que necesitan es un deshumidificador. Si reducen la cantidad de humedad en el aire, se sentirá más fresco.*

34 Science Friction

One day Ms. Joni divided her science class into three groups to use what they were learning in both her class and writing class.

"Your assignment is to make a poster of a science fiction movie like they did years ago," she said. *"Be creative, and remember those movies had a lot of action and were scary. But the basic science has to be accurate."*

After a few days of working, the groups put their posters in the front of the room to judge which one was the best—no voting for their own poster allowed! The winning group would be rewarded with no homework for the weekend.

One poster was titled *"Insects Take Over the Earth!"* It showed an army of ants, an air force of flying grasshoppers, and a spider general leading them.

The second poster showed a submarine under a sheet of ice being attacked by a giant octopus. *"Lost Under the South Pole and Fighting for Their Lives!"* it said.

The last was called *"The Weird World Where Birds Can't Fly, but Mammals Can!"* It showed birds walking along the ground looking up at furry creatures flying overhead.

"I think we have the winner," said Roxanne, who was in the third group.

"I bet you don't," said Elliott, who was in the second group. *"Ours is much scarier."*

"And my group's poster has a lot more action," said Erwann, who was in the first group. *"What makes you think you're going to win, Roxanne?"*

Ciencia fricción

34

Un día la Sra. Joni dividió su clase de ciencias en tres grupos para que usaran lo que estaban aprendiendo tanto en su clase, como en la clase de redacción.

—*La tarea es crear un cartel como los de antes para una película de ciencia ficción* —dijo—. *Sean creativos y recuerden que esas películas tenían mucha acción y eran de terror. Pero tienen que ser precisos con los conceptos básicos de ciencias.*

Después de varios días de trabajo, los grupos pusieron sus carteles en la parte del frente del salón para juzgar cuál era el mejor—¡estaría prohibido votar por su propio cartel! El grupo ganador no tendría tarea ese fin de semana.

Uno de los carteles se titulaba *"¡Los insectos invaden la tierra!"*. Mostraba un ejército de hormigas, una fuerza aérea de saltamontes voladores, y una araña como general al mando.

El segundo cartel mostraba un submarino bajo una capa de hielo siendo atacado por un pulpo gigante. *"¡Perdidos bajo el Polo Sur y luchando por sus vidas!"*

El último se llamaba *"¡El mundo extraño dónde las aves no vuelan pero los mamíferos sí!"*. Mostraba aves que caminaban por el suelo mientras observaban a criaturas peludas volando sobre ellas.

—*Creo que tenemos un ganador* —dijo Roxanne, que estaba en el tercer grupo.

—*Apuesto a que ustedes no ganan* —dijo Elliott, que estaba en el segundo grupo—. *El nuestro es mucho más aterrador.*

—*Y el cartel de mi grupo tiene mucha más acción* —dijo Erwann, que estaba en el primer grupo—. *¿Qué te hace pensar que ustedes ganarán, Roxanne?*

Science Friction

"All of the posters showed a lot of imagination, but only one met the science requirement," Roxanne said.

"There is water under the ice at the North Pole," she continued, *"but there is ground under the ice at the South Pole—the continent of Antarctica. A submarine can't go under the South Pole, and an octopus wouldn't go there anyway, because they live in warm water."*

"And spiders are not insects, they're arachnids—the easy way to remember the difference is that insects have six legs and arachnids have eight," she added. *"So it's not accurate to have a spider on a poster about insects."*

"I see," Elliott said. *"But there are birds that don't fly, such as penguins and ostriches. And bats are mammals that do fly. So at least the idea behind your poster is based on science."*

Ciencia fricción

—Todos los carteles muestran mucha imaginación, pero solo uno cumple con los requisitos científicos —dijo Roxanne.

—Hay agua bajo el hielo en el Polo Norte —continuó— *pero hay tierra bajo el hielo en el Polo Sur—el continente de Antártica. Por tanto, un submarino no puede estar bajo el hielo en el Polo Sur, y de todos modos, un pulpo nunca estaría allí porque viven en aguas calientes.*

—Y las arañas no son insectos, son arácnidos—la forma fácil de recordar la diferencia es que los insectos tienen seis patas y los arácnidos tienen ocho —agregó—. *Así que, no es preciso mostrar una araña en un cartel sobre insectos.*

—Ya veo —dijo Elliott—. *En cambio, hay pájaros que no vuelan, como los pingüinos y avestruces. Y hay mamíferos que sí vuelan, como los murciélagos. Así que, al menos la idea tras tu cartel tiene una base científica.*

Catch a Chill

"I can't believe my mother made me wear this heavy coat," Paige complained as she walked to school with friends one morning.

"My mother is the same way," Tyra said, splashing through a puddle in her heavy waterproof boots.

"Hey, wait a minute," Lin said, picking up the hat that had blown off her head. *"Were your mothers listening to that new radio station that plays those old songs all the parents like?"*

"Yes!" Paige said. *"I can't believe the music they play!"*

"Some of those songs must be 20 years old!" Tyra added.

"It was on at our house, too," Lin said. *"I heard the announcer say that it would feel like 25 degrees Fahrenheit this morning, and that is when my mom handed me these gloves."*

"So what?" Paige asked.

"I see what Lin means," Tyra said, jumping from puddle to puddle. *"At 25 degrees Fahrenheit, this water would be frozen. Water freezes at 32 degrees and below."*

"I think our parents should start listening to a different radio station," Lin said.

"I don't think that would help," Paige said.

"Why wouldn't it? The people at that station clearly don't know anything more about weather than they know about music," Tyra said.

Helados de frío

35

—*No puedo creer que mi madre me hizo usar este abrigo pesado* —se quejaba Paige mientras caminaba a la escuela con sus amigas una mañana.

—*Mi madre es igual* —dijo Tyra, chapoteando en un charco con sus botas impermeables.

—*Oigan, esperen un momento* —dijo Lin, recogiendo el sombrero que se le había volado de la cabeza—. *¿Sus madres estaban escuchando esa estación de radio nueva que toca las canciones viejas que le gustan a los padres?*

—*¡Sí!* —dijo Paige—. *¡No puedo creer la música que tocan!*

—*¡Algunas de esas canciones deben tener 20 años!* —añadió Tyra.

—*Estaba puesta en nuestra casa también* —dijo Lin—. *Escuché al locutor decir que se sentiría como -4 grados Celsius esta mañana y fue entonces que mi mamá me entregó estos guantes.*

—*¿Y qué?* —preguntó Paige.

—*Entiendo lo que quiere decir Lin* —dijo Tyra, saltando de charco en charco—. *A -4 grados Celsius el agua estaría congelada. El agua se congela a 0 grados Celsius o menos.*

—*Creo que nuestros padres debieran empezar a escuchar otra estación de radio* —dijo Lin.

—*No creo que eso ayude* —dijo Paige.

—*¿Por qué no? La gente de esa estación claramente no sabe nada del tiempo ni de la música* —dijo Tyra.

Catch a Chill

"When the announcers said what the temperature would feel like, they were talking about the wind chill factor, not the air temperature," Paige said. *"Even though the air isn't 25 degrees, this wind makes it feel like it's that cold. Wind chill is a measure of how cold it feels to us, because the wind is blowing away the heat that our bodies make. Wind also causes faster evaporation of moisture from the skin, which makes the skin feel cooler. So, the wind chill factor number can be below freezing even though the air temperature is above freezing."*

Helados de frío

—Cuando los locutores hablaban de la temperatura de hoy, estaban hablando de la sensación térmica, no de la temperatura del aire —dijo Paige—. A pesar de que el aire no está a -4 grados, el viento hace que se sienta así de frío. La sensación térmica es una medida que representa cómo percibimos el frío, porque el viento se lleva el calor que nuestro cuerpo produce. El viento también causa que la humedad en nuestra piel se evapore más rápido, lo cual hace que la piel se sienta más fresca. Por lo tanto, la sensación térmica puede estar bajo cero aun cuando la temperatura del aire esté por encima del punto de congelación.

36 Silver, Where?

The Thanksgiving meal had been baking all morning, and it was now time to set the table. That was a job for Rubi and Mariana.

As a wedding present years ago, their grandparents had given their parents silverware they had bought many years before. They only used the silverware on special occasions like today, and they always washed it by hand.

"Hugo, you need to get out of the way," Rubi said. Their little brother was sitting on the kitchen floor, making words on the refrigerator with letter magnets.

"Yes, we don't want to risk tripping and dropping one of the plates," Mariana said.

"Do you think this silverware really is made of pure silver?" Mariana asked as they set the table.

"I think pure silver is pretty rare. A lot of silverware has just a thin layer of silver over some other less expensive metal, like steel," Rubi said. *"Although, I guess there's one way to check."*

She looked at Hugo.

"Use his magnets?" Mariana asked. *"If there is a magnetic metal such as steel under the silver, it'll definitely be magnetic. But silver is a metal too, so wouldn't it be magnetic whether or not there is a different metal underneath the silver?"*

¿Plata? ¿Dónde?

36

La comida del Día de Acción de Gracias llevaba toda la mañana en el horno y era hora de poner la mesa. Era una tarea para Rubí y Mariana.

Como regalo de bodas hace muchos años, sus abuelos le habían regalado a sus padres un juego de cubiertos de plata que habían comprado muchos años antes. Solo usaban estos cubiertos en ocasiones especiales como hoy, y siempre los lavaban a mano.

—*Hugo, tienes que salirte del medio* —dijo Rubí. Su hermano menor estaba sentado en el piso de la cocina, armando palabras con letras magnéticas en la puerta de la nevera.

—*Sí, no queremos arriesgarnos a tropezar y romper uno de los platos* —dijo Mariana.

—*¿Crees que estos cubiertos realmente están hechos de plata pura?* —preguntó Mariana mientras ponían la mesa.

—*Creo que la plata pura no es común. La gran mayoría de objetos de plata tiene una capa fina de plata sobre un metal más económico, como el acero* —dijo Rubí—. *Aunque creo que hay una manera de comprobarlo.*

Miró a Hugo.

—*¿Utilizando sus imanes?* —preguntó Mariana—. *Si hay un metal magnético como el acero debajo de la plata, definitivamente veremos un efecto magnético. Pero la plata es un metal también, por tanto, ¿no sería magnética independientemente de si hay otro metal debajo de la plata?*

Silver, Where?

"Not all metals are magnetic, or at least are not magnetic enough to make an ordinary magnet stick to them," Rubi said. *"Silver is one of those. Gold is another."*

The magnets did not stick to the silverware.

"These are probably pure silver," Mariana said. *"But to be sure, we'd have to take them to an expert."*

"By the way," Rubi added, *"even what is called a 'pure' silver utensil has a little bit of other metal mixed in with the silver. That's done to make the utensil harder, since silver is so soft. But in this case at least, it wasn't enough to make the utensil magnetic."*

¿Plata? ¿Dónde?

—No todos los metales son magnéticos, o al menos no son lo suficientemente magnéticos como para atraer un imán común y corriente —explicó Rubí—. *La plata es uno de esos. El oro es otro.*

Los imanes no se adhirieron a los cubiertos.

—Estos probablemente son de plata pura —dijo Mariana—. *Pero para estar seguras tendríamos que llevarlos a un experto.*

—Por cierto —agregó Rubí—, *incluso aquellos objetos que dicen estar hechos de plata "pura" tienen un poco de otro metal mezclado con la plata. Eso lo hacen para fortalecer los utensilios, ya que la plata es bastante blanda. Pero por lo menos en este caso, no fue lo suficiente como para hacer que el utensilio fuera magnético.*

37 Court Code

"Closed for repairs: courts at high school are open," read the sign at the middle school outdoor basketball courts.

Brent and his little sister Bethany had arrived before their friends Parker and Joanna, who were coming to play them in a game of two-on-two on a sunny Saturday morning.

The high school was up a hill from the middle school. When they arrived there, though, all the courts except one were being used.

"Sorry, because there are fewer courts available today, you can't take a court until all of your players are here," the attendant said. *"Your friends better hurry because a group of high school boys is coming back soon. They drove off to pick up the rest of their players when I told them."*

Looking down from the high school courts, they could see their friends walking toward the middle school.

"We need them to come straight here or we might not get the court," Brent said.

They yelled and waved their arms, but their friends didn't hear or see them, and kept heading toward the middle school.

"Do you have your cell phone with you?" Bethany asked.

Brent pulled it out of his pocket and tried calling.

"Oh no, the battery is dead," he said. *"How can we get their attention? Do you have anything that might work?"*

Bethany looked through her bag and found a compact mirror her mother had given to her when she started middle school.

"Aha! We can just use this," she said triumphantly.

Brent looked confused. *"How are you going to get their attention with that?"* he asked.

Código de la corte

37

"Cerrado por mantenimiento: las canchas de la escuela secundaria están abiertas", anunciaba el letrero en las canchas de baloncesto al aire libre de la escuela intermedia.

Brent y su hermanita Bethany habían llegado antes que sus amigos Parker y Joanna, que venían a jugar un juego de dos contra dos una mañana soleada de Sábado.

La escuela secundaria se encontraba al tope de una colina, cerca de la intermedia. Cuando Brent y su hermana llegaron a las canchas, todas menos una estaban ocupadas.

—*Lo siento, como hoy hay menos canchas disponibles, no pueden reservar una cancha hasta que hayan llegado todos sus jugadores* —explicó el encargado—. *Más vale que sus amigos se apuren porque un grupo de chicos de la secundaria va a regresar pronto. Se fueron a recoger a sus otros amigos tan pronto les dije.*

Mirando cuesta abajo desde la canchas de la secundaria, podían ver a sus amigos caminando hacia la intermedia.

—*Necesitamos que vengan directamente acá o no nos tocará la cancha* —dijo Brent.

Gritaron y agitaron los brazos, pero sus amigos ni los veían ni los escuchaban, y seguían caminando hacia la intermedia.

¿Tienes tu teléfono celular? —preguntó Bethany.

Brent lo sacó del bolsillo y trató de llamar.

—*Oh no, la batería está completamente descargada* —dijo—. *¿Cómo podremos llamarles la atención? ¿Tienes algo que funcione?*

Bethany buscó en su bolsa y encontró un espejo que su madre le había regalado cuando empezó la intermedia.

—*¡Ajá! Podemos usar esto* —dijo triunfante.

Brent la miró confundido. —*¿Cómo le vas a llamar la atención con eso?* —preguntó.

Court Code

Bethany held up the mirror and twisted it so that the sunlight glinted off of it. The flashes caught their friends' attention and they saw Brent and Bethany waving to them to come to the high school courts. Parker and Joanna got there just in time to start playing before the high school boys arrived.

"The sound of us yelling spread out and became too faint to hear at that distance, but the light reflected off my mirror was visible. People used to use mirrors to signal like that way before cell phones were even invented," Bethany explained to her brother later.

Código de la corte

Bethany levantó el espejo y lo giró de manera que reflejara la luz del sol. El reflejo de luz le llamó la atención a sus amigos, quienes vieron a Brent y Bethany haciéndoles señas que fueran a las canchas de la secundaria. Parker y Joanna llegaron justo a tiempo para empezar a jugar antes de que llegaran los chicos de la secundaria.

—*El sonido de nuestros gritos se dispersó y se hizo demasiado débil para escucharlo a esa distancia, pero la luz que se reflejó en mi espejo sí era visible. La gente usaba los espejos para hacer señas antes de que inventaran los teléfonos celulares* —Bethany le explicó a su hermano más tarde.

38 Home on the Range

Guillermo and Fiorella's family was enjoying their last hike of the fall before the weather turned too cold to go hiking. Halfway up a mountain on a trail they had never taken before, their father said, *"This would be a great spot to have a house."*

They looked around the edge of the sunny meadow, down to a stream, feeling a fresh breeze coming down the mountain.

"You're right, Dad," Guillermo said.

"I would love to live here, too," said Fiorella. *"It's so pretty and I'm sure there are deer and all kinds of other animals here. It would be great to watch wildlife right from our front porch."*

"I don't know about living in a place like this," their mother said. *"There's no electricity and you kids couldn't live for more than a day without your gizmos. You could never get the power company to run an electrical line this far out into the woods."*

"Well, if we were allowed to build a house here, we could make our own electricity," Fiorella said.

"But making electricity requires energy. Where would we get it?" their father asked.

Hogar, dulce hogar

38

La familia de Guillermo y Fiorella estaba disfrutando de su última caminata del otoño antes de que el tiempo se pusiera muy frío para salir a caminar. A la mitad del camino, subiendo una montaña por un sendero desconocido, su padre dijo:

—*Este sería un gran sitio para una casa.*

Miraron a lo largo del prado soleado hasta una pequeña quebrada, sintiendo una brisa fresca que bajaba por la montaña.

—*Tienes razón, papá* —dijo Guillermo.

—*A mi también me encantaría vivir aquí* —dijo Fiorella—. *Es tan bonito y estoy segura que hay ciervos y todo tipo de otros animales aquí. Sería tremendo ver la vida silvestre justo desde el balcón del frente de a casa.*

—*No estoy segura de que viviría en un lugar como éste* —dijo la madre—. *No hay electricidad y ustedes no podrían sobrevivir más de un día sin sus aparatos. Jamás convencerían a la compañía eléctrica de instalar una línea eléctrica en este bosque tan remoto.*

—*Bueno, si nos permitieran construir una casa aquí, podríamos crear nuestra propia electricidad* —dijo Fiorella.

—*Pero generar electricidad requiere energía. ¿De dónde la sacaríamos?* —preguntó su padre.

Home on the Range

"There is solar energy, since the Sun shines directly on this meadow," Fiorella said.

"But what if the Sun isn't shining?" their mother challenged them.

"In that case, we could use wind power," Guillermo said.

"And if the wind isn't blowing?" their father asked.

"There's running water. We could put up a water wheel," Fiorella said.

"And to stay warm, we could collect wood and burn it in a wood-burning stove, although that would create some air pollution from the smoke," Guillermo added.

"Too bad we're in a national forest and you can't build houses here," their father said. *"Otherwise, I'd be tempted to try living here."*

—*Hay energía solar, porque el sol brilla directamente sobre este prado* —dijo Fiorella.

—*¿Y qué tal si el sol no está brillando?* —desafió su madre.

—*En ese caso, podríamos utilizar la energía eólica* —dijo Guillermo.

—*¿Y si el viento no sopla?* —preguntó su padre.

—*Hay corrientes de agua. Podríamos poner una rueda hidráulica* —dijo Fiorella.

—*Y para mantenernos calientes, podríamos recoger leña y quemarla en una caldera, aunque eso crearía alguna contaminación por el humo* —agregó Guillermo.

—*Lástima que estemos en un parque nacional y no se puedan construir casas aquí* —dijo su padre—. *De lo contrario, me vería tentado a tratar de vivir aquí.*

39 Time for a Change

Ivan's father had bought new smoke detectors six months earlier, one for each level of their house. He put one in the laundry room downstairs, one in the sunroom on the main level, and one in the upstairs hall between the bedrooms. The smoke detectors sent wireless signals to an alarm system.

Ivan's father had asked him to replace the batteries, and looked surprised when Ivan brought the smoke detectors to where he was working at his tool bench in the garage. That was where they kept the fresh batteries.

"You didn't have to take them off their bases," his father said. *"You could have just taken the new batteries, opened each smoke detector where it was, and switched the batteries there."*

"Sorry, I guess I didn't understand what you meant," Ivan said. *"Can't we just change them here?"*

"We'll do that, but we have to put each smoke detector back in the same place or the alarm system won't work right," his father said. *"And they're all the same, except that the color of one is more faded than the others, and one has some dark spots."*

"At least that tells us what we need to know, doesn't it?" Ivan asked.

Cambio de guardia

El padre de Iván había comprado detectores de humo nuevos hace seis meses, uno para cada nivel de la casa. Puso uno en la lavandería abajo, uno en el solario en la planta principal, y uno arriba en el pasillo de los dormitorios. Los detectores de humo enviaban señales inalámbricas a un sistema de alarmas.

El padre de Iván le había pedido que cambiara las pilas y se sorprendió cuando Iván trajo los detectores de humo al garage donde estaba trabajando en su taller. Ahí era donde guardaban las pilas nuevas.

—*No tenías que sacarlos de sus bases* —dijo su padre—. *Podías haber llevado las pilas nuevas, abierto cada detector ahí donde estaba, y cambiado las pilas ahí mismo.*

—*Lo siento. Supongo que no entendí lo que querías decir* —dijo Iván—. *¿No podemos cambiarlas aquí?*

—*Haremos eso, pero tenemos que poner cada detector de humo en el mismo lugar o el sistema de alarma no funcionará bien* —dijo su padre—. *Y todos son iguales, excepto que uno es más claro que los otros y uno tiene algunas manchas oscuras.*

—*Por lo menos eso nos dice lo que necesitamos saber, no crees?* —preguntó Iván.

Time for a Change

"This faded one must be the one from the sunroom, the brightest of the three places," Ivan said, setting aside the one with the lighter color. *"And the dark spots on this one are mildew, meaning it must have come from a damp, dark place—the laundry room. That leaves the other one for the upstairs hall."*

Cambio de guardia

—Este que tiene el color desgastado debe ser el del solario, el sitio más soleado de los tres —dijo Iván, echando a un lado el que tenía el color más claro—. *¿Y las manchas oscuras en este son de moho, lo cual significa que debió venir de un lugar húmedo y oscuro—la lavandería. El que queda es del pasillo de arriba.*

40 Don't Let the Bugs Bite

"Man, these mosquitoes are eating me alive," Franklin complained, slapping at his arms and legs.

The neighborhood kids were playing volleyball in Franklin's backyard. His parents had recently bought the net and set it up, but it was hard to stay out in the yard long because of the mosquitoes. They would even bite people wearing mosquito repellent.

"Dad! Can you do something about these bugs?" Franklin called to his father, who was reading a book inside their screened-in porch.

Franklin's father came out to the yard and lit the citronella torches that were along the edge of the yard. There was a bucket of water next to each one.

"What are these buckets for?" Landon asked. Landon was new to the neighborhood, and had never been to Franklin's house before.

"We put them here in case a torch falls, so nothing catches on fire. We fill them at the beginning of the spring and leave them here all summer," Franklin said. *"If they get a little low on water, we add some more."*

"I hope this works," Franklin's father added as the torches started smoking. *"Otherwise, we might have to hire one of those companies to spray the yard."*

"Can I suggest something else?" Landon asked.

No dejes que te piquen los insectos 40

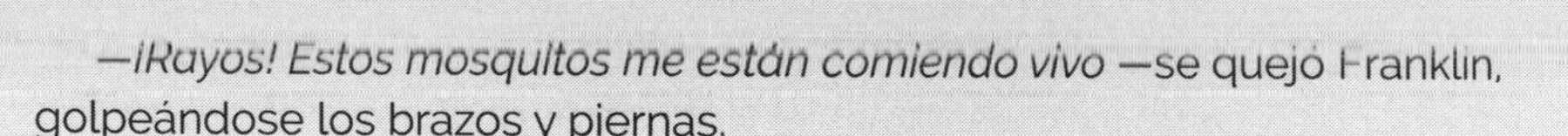

—*¡Rayos! Estos mosquitos me están comiendo vivo* —se quejó Franklin, golpeándose los brazos y piernas.

Los chicos del barrio estaban jugando voleibol en el patio trasero de Franklin. Sus padres habían comprado la red recientemente, pero era difícil quedarse en el jardín mucho tiempo por los mosquitos. Incluso picaban a gente que llevaba repelente de mosquitos.

—*¡Papá! ¿Puedes hacer algo con estos insectos?* —Franklin le gritó a su padre, que estaba leyendo un libro dentro de su balcón encerrado con tela mosquitera.

El padre de Franklin salió al jardín y encendió las antorchas de citronela que se encontraban a lo largo del jardín. Habían puesto un cubo de agua al lado de cada antorcha.

—*¿Para qué son estos cubos de agua?* —preguntó Landon. Landon era nuevo en el barrio, y nunca antes había estado en la casa de Franklin.

—*Los pusimos aquí en caso de que una antorcha se caiga, así nada se incendia. Los llenamos al comienzo de la primavera y los dejamos aquí hasta el final del verano* —dijo Franklin—. *Si el agua baja de nivel, le añadimos un poco más.*

—*Espero que esto funcione* —dijo el padre de Franklin cuando las antorchas empezaron a humear—. *De lo contrario, tendremos que contratar a una de esas compañías para que fumiguen el jardín.*

—*¿Puedo sugerir otra cosa?* —preguntó Landon.

Don't Let the Bugs Bite

"This water might be the cause of the problem," Landon said. *"Mosquitoes lay their eggs in water, and the eggs need a week or so to hatch. Without water, the eggs don't hatch. These buckets should be emptied and refilled every couple of days. Adult mosquitoes only live a few weeks, so they should start dying out if you keep the eggs from hatching."*

"Good idea," Franklin said. *"And I'll make sure that water isn't collecting anywhere else, either."*

—Este agua podría ser la causa del problema —dijo Landon—. *Los mosquitos ponen sus huevos en agua y los huevos necesitan más o menos una semana para nacer. Sin agua, los huevos no nacen. Estos cubos deben vaciarse y rellenarse cada par de días. Los mosquitos adultos solo viven unas pocas semanas, por lo cual empezarán a morir si impiden que los huevos nazcan.*

—Buena idea —dijo Franklin—. *Y me aseguraré de que el agua no esté acumulándose en otro lugar tampoco.*

Mathematics Bonus Section

Suplemento Especial de Matemáticas

41 All Wound Up

"No way, a real wind-up watch? One that ticks and everything?" Ian asked.

"I think I saw one of those in an old movie once," Wyatt said.

Hector was showing off a watch that had been in his family for many years and was a family treasure.

"My grandfather gave it to me today," Hector said. *"It was right at noon. He showed me how to set the hands and wound it with one turn of this little wheel on the side to start it."*

"Are you sure it works, though?" Wyatt asked. For the first time, Hector noticed that the watch was not running. Its hands showed three o'clock, and it was now four o'clock.

"Well, I guess I have to wind it again," Hector said.

"Isn't that going to be a lot of trouble?" Ian asked. *"I mean, winding it again and again every day."*

"I don't think it will be that often," Hector said. He started winding the watch, counting sixteen turns until it was fully wound. *"In fact, I can tell you exactly when it will need to be wound again."*

"When is that?" Wyatt asked.

Dale cuerda

—¡Mentira! ¿Un reloj de cuerda de verdad? Uno que hace "tic-toc" y todo? —preguntó Ian.

—Creo que una vez vi uno de esos en una película vieja —dijo Wyatt.

Héctor estaba luciendo un reloj que había estado en su familia por muchos años y que era un tesoro familiar.

—Mi abuelo me lo dio hoy —dijo Héctor—. *Justo al mediodía. Me enseñó cómo configurar las manecillas y le dio cuerda para ponerlo a andar dándole una vuelta a esta ruedita.*

—¿Pero, estás seguro de que funciona? —preguntó Wyatt. Por primera vez, Héctor notó que el reloj no andaba. Las manecillas mostraban las 3 en punto, pero eran las 4.

—Bueno, supongo que tengo que darle cuerda de nuevo —dijo Héctor.

—¿No será fastidioso? —preguntó Ian—. *Quiero decir, ¿tener que darle cuerda una y otra vez todos los días?*

—No creo que será tan seguido —dijo Héctor. Empezó a darle cuerda al reloj, contando dieciséis vueltas hasta llegar a la cuerda máxima—. *De hecho, te puedo decir exactamente cuándo tendré que darle más cuerda.*

—¿Cuándo? —preguntó Wyatt.

All Wound Up

"Four o'clock, the day after tomorrow," Hector answered.

"How do you figure that?" Ian asked.

"Well, my grandfather started it by winding it one turn, and it ran for three hours," Hector said. *"I just now wound it all the way, sixteen turns. When you wind it fully it will run for 48 hours before stopping—sixteen times three. Winding it every other day isn't too much trouble, especially since it means so much to me."*

—A las cuatro en punto, pasado mañana —respondió Héctor.

—¿Cómo lo sabes? —preguntó Ian.

—Bueno, mi abuelo le dio una vuelta y duró tres horas —dijo Héctor—. *Le acabo de dar la cuerda máxima, dieciséis giros. Con la cuerda máxima correrá 48 horas antes de parar—dieciséis por tres. Darle cuerda un día sí y un día no, no es demasiada molestia, especialmente porque significa tanto para mí.*

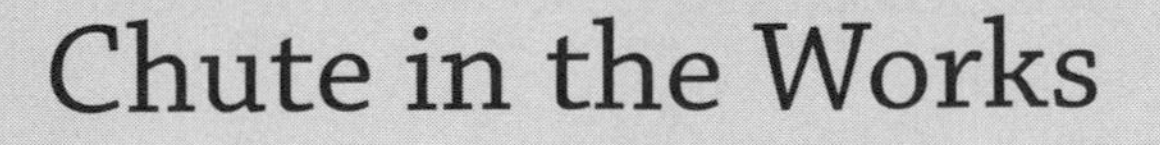

42 Chute in the Works

On Saturday morning, Caleb rode up the bike path to his friend Patrick's house. That morning Patrick was in his yard painting a model rocket. As much as Caleb loved bicycle riding—he had a bike with a speedometer, lights, water bottle holder, and other accessories—Patrick loved model rockets.

"Cool," Caleb said, admiring his friend's new rocket.

"Maybe too cool to use," Patrick said.

Patrick and his father belonged to a club that launched model rockets. Sometimes, though, rockets crashed and broke apart because their parachutes didn't open. The parachute for Patrick's new rocket was already attached to the nose cone.

"I'm worried about this parachute," Patrick said. *"The instructions say it should open when the rocket hits 30 miles an hour on the descent. I've tried to test it, but I guess I can't throw the nose cone that fast."*

"I'll take it on a ride down the bike path," Caleb suggested. *"Once I get going that fast, we'll know if it will open or not."*

Caleb tried several times, but could never get the parachute to open.

"Sorry, I can't get this bicycle going more than about 20 miles an hour," Caleb said when he returned.

"I have an idea," Patrick said. *"And I wouldn't suggest this if you weren't a good enough biker to handle it."*

"What do you have in mind?" Caleb asked.

Paracaidismo

42

El Sábado por la mañana Caleb fue en bicicleta a la casa de su amigo Patrick. Encontró a Patrick en su patio pintando un modelo de cohete. A Caleb le encantaba montar bicicleta—su bici tenia velocimetro, luces, un porta-botellas y otros accesorios—tanto como a Patrick le encantaba construir modelos de cohetes.

—*Genial* —dijo Caleb, admirando el cohete nuevo de su amigo.

—*Tal vez demasiado genial para usarlo* —dijo Patrick.

Patrick y su padre pertenecian a un club de lanzamiento de modelos de cohetes. A veces, sin embargo, los cohetes se estrellaban y se despedazaban porque sus paracaídas no abrian. El paracaídas del cohete nuevo de Patrick ya estaba instalado en la punta cónica del cohete.

—*Me preocupa este paracaídas* —dijo Patrick—. *Las instrucciones dicen que abre cuando el cohete alcanza una velocidad de 48 kilometros por hora en el descenso. He intentado comprobarlo, pero supongo que yo solo no puedo lanzar la punta del cohete tan rápido.*

—*Me lo puedo llevar de paseo en la bicicleta* —sugirió Caleb—. *Cuando alcance esa velocidad, confirmaremos si abre o no.*

Caleb intentó varias veces, pero no logró que el paracaídas abriera.

—*Lo siento* —dijo Caleb al regresar— *no puedo hacer que esta bici vaya a más de 32 kilometros por hora.*

—*Tengo una idea* —dijo Patrick—. *No la sugeriría si no fueras suficientemente buen ciclista como para poder hacerlo.*

—*¿Qué tienes en mente?* —preguntó Caleb.

Chute in the Works

"Once you get going on your bike, throw the nose cone forward," Patrick said. *"The speed of the throw will be added to the speed of the bicycle, but because speed is not a measure of distance, we have to figure out the velocity instead."*

Caleb replied, *"OK, since velocity is distance divided by time, to get the parachute to work we have to increase the distance traveled over time. So, if I'm riding at 20 miles an hour and I throw it at just 10 miles an hour, the rocket will be moving forward at 30 miles an hour and you'll see if it opens."*

"Do you think you can do it?" Patrick asked.

"It will be tricky, but I think so."

Caleb got on his bike with the rocket in his hand. It was a little difficult since he had to steer with one hand and throw with the other, but it worked. The parachute opened.

"Now it's time for lift-off!" Patrick said.

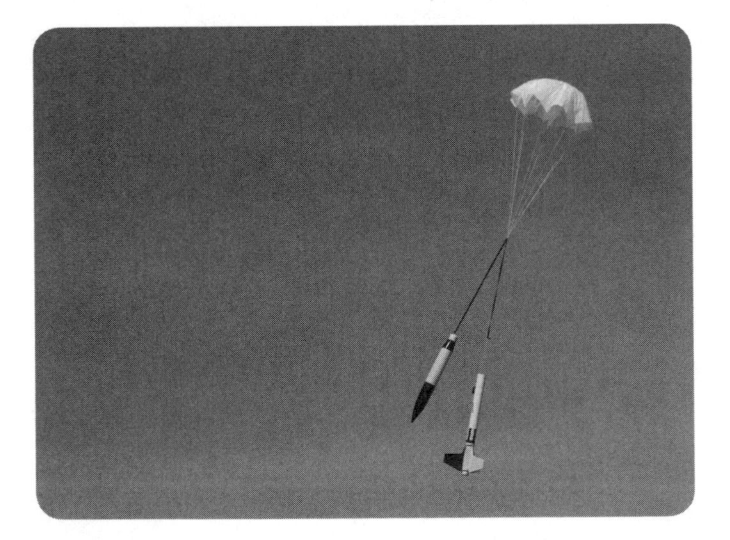

Paracaidismo

—*Una vez que aceleres en tu bici, lanza la punta cónica hacia adelante* —dijo Patrick—. *La rapidez a la que lances la punta se sumará a la rapidez de la bicicleta, pero como la rapidez no es una medida de distancia, tenemos que averiguar la velocidad.*

Caleb respondió —*Bien, ya que la velocidad es la distancia dividida por tiempo, para lograr que el paracaídas funcione tenemos que aumentar la distancia recorrida a través del tiempo. Por tanto, si monto mi bici a 32 kilómetros por hora y lanzo la punta cónica a solo 16 kilómetros por hora, el cohete se estará moviendo a 48 kilómetros por hora y verás si abre.*

—*¿Crees que podrás hacerlo?* —preguntó Patrick.

—*Será un poco difícil, pero creo que sí.*

Caleb se subió en su bici con el cohete en la mano. Fue un poco difícil, ya que tenía que manejar la bici con una sola mano y tirar la punta con la otra, pero funcionó. El paracaídas abrió.

—*¡Ahora es hora de despegar!* —dijo Patrick.

43 Ace of Clubs

Natalie and her father had been taking golf lessons. They were hitting the ball pretty well, so they thought it was time to go out and play their first real round of golf.

On the first hole, they hit their drives down the fairway.

"This marker says we're 150 yards out from the green, Daddy," Natalie said when they reached his ball.

"Okay, the instructor said 150 yards is how far I hit with a six-iron," her father said, pulling out that club. He took a practice swing that was interrupted when his hat flew off back towards the tee, making Natalie laugh.

He hit the shot the way he usually did, but it landed 30 yards short of the green.

"I could have sworn he told me I hit six-irons 150 yards," he said.

The next hole ran parallel to that one, but going the other way. After their drives, Natalie's father was once again about 150 yards from the green.

"Let's see, the instructor said there's about a 15-yard difference in how far different clubs send the ball, and the lower the number of the club the farther the ball goes. So if I hit the six-iron 120 yards like I did on the last hole, I'll need to use the longer club that will hit it 30 more yards. That means a four-iron," he said.

"*I wouldn't do that if I were you, Daddy,*" Natalie said.

"*Why not?*" he asked.

El as del golf

Natalie y su padre habían estado tomando lecciones de golf. Le estaban pegando a la pelota bastante bien, por lo que pensaron que era hora de salir a jugar su primera ronda real de golf.

En el primer hoyo, golpearon la pelota derecho por la salida.

—*Este marcador indica que estamos a 137 metros de la zona verde, papá* —dijo Natalie cuando llegaron a donde había parado la pelota de su padre.

—*Está bien, el instructor dijo que 137 metros es lo más lejos que golpeo con el hierro-6* —dijo su padre, sacando ese palo de golf. Su padre estaba haciendo un tiro de práctica cuando se le voló el sombrero hacia atrás, a donde estaba el Tee, provocando que Natalie se riera.

Su padre golpeó la pelota como siempre, pero la pelota aterrizó a 27 metros de la zona verde.

—*Podría jurar que me dijo que pego 137 metros con el hierro-6* —dijo.

El hoyo siguiente corría paralelo a ese, pero en el sentido contrario. Después del tiro de salida, el padre de Natalie volvió a quedar a más o menos 137 metros de la zona verde.

—*Veamos, el instructor dijo que por cada número de hierro hay una diferencia de más o menos 13 metros en la distancia que viaja la pelota, y mientras más bajo el número del hierro, más lejos irá la pelota. Entonces, si el hierro-6 me da 110 metros como en el hoyo anterior, tendré que usar un palo más largo que me dé 27 metros más. Eso significa que necesito el hierro-4* —dijo el padre.

—*Yo no haría eso sí fuera tú, papá* —dijo Natalie.

—*¿Por qué no?* —preguntó.

Ace of Clubs

"On the first hole you hit a shot that normally would travel about 150 yards," she said. *"That shot was into the wind. You hit a good shot, but it still only went 120 yards. So, the wind reduced the distance of your shot by 30 yards, or a fifth.*

"On this hole, we're going the opposite direction, meaning the wind is behind us. So the wind will add about one-fifth to the distance of your shot. So use the club that normally makes the ball go about 120 yards, and let the wind push it. Since you usually hit the six-iron 150 yards, and each higher-numbered club sends the ball 15 yards less, you should use an eight-iron."

El as del golf

—En el primer hoyo el tiro que hiciste normalmente viajaría 137 metros —dijo Natalie—. *Ese tiro fue en contra del viento. Aunque fue un buen tiro, solo viajó 110 metros. Por tanto, el viento redujo la distancia de tu tiro por 27 metros, o una quinta parte.*

—En este hoyo, vamos en dirección contraria, lo que significa que el viento está detrás de nosotros. Por tanto, el viento le agregará una quinta parte a la distancia de tu tiro. Entonces, usa el palo de golf que normalmente da 110 metros, y deja que el viento empuje la pelota. Como el hierro-6 normalmente te da 137 metros, y con cada número de palo más alto la pelota viaja 13 metros menos, debes usar el hierro-8.

44 Cold Blooded Calculations

Henry was so excited that his parents had finally allowed him to get a pet iguana. They went to the pet store that day, and when they got there he ran straight to the tanks.

Henry had already picked out a medium-sized iguana, and he had things for the iguana to climb on. So he just needed a tank.

"Okay, easy enough," he thought.

He wanted to give it as much room to climb around as he could. There were three sizes of tanks. One had a base of 16 by 24 inches and was 12 inches high. The other had a base of 16 by 16 inches and was 20 inches high. Another had a base of 20 by 20 inches and was 12 inches high. The cost of each tank was about the same.

Henry looked at the tanks for only a moment.

"I'll take this one. It has the most space," he said, pointing to one of them.

"How did you figure that out so fast?" his father asked.

Cálculos a sangre fría

Henry estaba muy emocionado de que sus padres finalmente le habían permitido tener una iguana de mascota. Fueron a la tienda de mascotas ese día, y cuando llegaron, corrió directamente a los tanques.

Henry había escogido una iguana de tamaño mediano, y tenía cosas para que la iguana trepara. Por tanto, solo necesitaba un tanque.

—*Bien, eso será bastante fácil* —pensó.

Le quería dar la mayor cantidad de espacio posible para trepar. Habían tanques de tres tamaños. Uno tenía una base de más o menos 40 por 60 centímetros y 30 centímetros de alto. El otro tenía una base de 40 por 40 centímetros y 50 centímetros de alto. Otro tenía una base de 50 por 50 centímetros y 30 centímetros de alto. El precio de cada tanque era casi el mismo.

Henry miró los tanques por solo un momento.

—*Me llevo este. Es el que más espacio tiene* —dijo, señalando uno de ellos.

—*¿Cómo lo calculaste tan rápido?* —le preguntó su padre.

Cold Blooded Calculations

"It's a matter of cubic capacity," Henry said, as he took the 16 by 16 by 20 tank to the cash register. *"To find the cubic capacity, you multiply the length times the width times the height. That showed me that this one has the most space for my iguana."*

"Yes, but how could you do it in your head so fast?" his father asked. *"I think I'd need a pencil and paper for that."*

"To get the exact number, yes," Henry said. *"But we only needed to compare, so I simplified the calculations. Each of the dimensions was divisible by four. With the 16 by 24 by 12 tank, if you divide each number by 4 you're left with 4 by 6 by 3, which is 72. The 20 by 20 by 12 tank becomes 5 by 5 by 3, or 75. The 16 by 16 by 20 tank becomes 4 by 4 by 5, or 80. That's the biggest of the three."*

As they drove home, Henry got out a pencil and paper to check the exact figures.

"The 20 by 20 by 12 tank is 4,800 cubic inches," he said. "The 16 by 24 by 12 tank is 4,608 cubic inches. The 16 by 16 by 20 tank is 5,120 cubic inches. That is the biggest, and it should give my new iguana plenty of room."

Cálculos a sangre fría

—Es cuestión de capacidad cúbica —dijo Henry, llevando el tanque de 40 por 40 por 50 a la caja registradora—. *Para hallar la capacidad cúbica, multiplicas el largo por el ancho por la profundidad. Eso me mostró que este tiene la mayor cantidad de espacio para mi iguana.*

—Sí, pero ¿cómo pudiste hacerlo en tu cabeza tan rápido? —preguntó su padre—. *Creo que yo necesitaría lápiz y papel para eso.*

—Para obtener el número exacto, sí —dijo Henry—. *Pero solo necesitaba comparar, así que simplifiqué los cálculos. Cada una de las dimensiones era divisible por cinco. Con el tanque de 40 por 60 por 30, si divides cada número por 5, te queda 8 por 12 por 6, con un resultado de 576. El de 50 por 50 por 30, queda en 10 por 10 por 6—600. El tanque de 40 por 40 por 50, se convierte en 8 por 8 por 10, igualando 640. Ese es el más grande de los tres.*

Mientras regresaban hacia la casa, Henry sacó un lápiz y papel para comprobar las cifras exactas.

—El tanque de 40 por 60 por 30 es de 72,000 centímetros cúbicos, el de 50 por 50 por 30 es de 75,000 centímetros cúbicos, y el de 40 por 40 por 50 es de 80,000 centímetros cúbicos. Ese es el más grande, y le dará a mi iguana espacio de sobra.

45 And They Call This a Fair

Mrs. Grabowski's class was working at the school fair to help raise money for new supplies for the math room. Kendall and her best friend Ruby decided to make a game with 20 rectangles of flat cardboard that were three inches long and two inches wide.

The sign on their table read:

Win a prize by proving you know which way these rectangles can be arranged to cover the most area.

Two boys they knew, Micah and Sean, tried five times. Mrs. Grabowski, the judge, rejected all the different arrangements they made.

"This game is impossible," Micah said.

"Maybe to you, Micah, but it really is possible," Ruby said.

After the fair was over and nobody had won, Sean came up to Ruby and Kendall.

"Okay, what's the correct answer?" he asked.

Feria de cuadritos

45

La clase de la Sra. Grabowski estaba trabajando en la feria escolar para ayudar a recaudar dinero para nuevos materiales para el salón de matemáticas. Kendall y su mejor amiga Ruby decidieron hacer un juego con 20 rectángulos de cartón que eran de tres pulgadas de largo y dos pulgadas de ancho.

El letrero en su mesa decía:

> *Gane un premio demostrando que sabe cómo se pueden organizar estos rectángulos para que cubran el área más grande.*

Dos muchachos que conocían, Micah y Sean, trataron cinco veces. La Sra. Grabowski, la juez, rechazó cada una de sus propuestas.

—*Este juego es imposible* —dijo Micah.

—*Tal vez para ti, Micah, pero realmente es posible* —dijo Ruby.

Cuando terminó la feria y nadie había ganado, Sean se acercó a Ruby y Kendall.

—*Y bien, ¿cuál es la respuesta correcta?* —preguntó.

And They Call This a Fair

"Remember, we challenged you to figure out how to make the pieces cover the most area," Kendall said, *"but they cover the same area no matter how you arrange them. All you had to do was say that."*

Feria de cuadritos

—*Recuerda que te retamos a calcular cómo organizar los rectángulos para que cubran el área más grande* —dijo Kendall— *la realidad es que cubren el mismo área independientemente de cómo los organices. Solo tenías que decir eso.*

Science, Naturally wishes to thank our wonderful team, whose enthusiasm, eagle eyes, and language skills helped shape this into the fun and wonderful book that it is!

Senior Editor: Esteban Bachelet, Fairfax, VA

Associate Editor: Omid Khanzadeh, Washington, D.C.

Project Editors:
Sam Akridge, Washington, D.C.
Jessica Gunther, Herndon, VA
Josi Longmuss, Leipzig, Germany
Megan Murray, Mitchellville, MD
Benjamin Suehler, Washington, D.C.

Senior Language Consultant:
Karen Rivera Geating, Washington, D.C.

Spanish Language Editors:
Maria del Pilar Suescum, Washington, D.C.
Alicia Fuentes, Woodbridge, VA

Translators:
Esteban Bachelet, Fairfax, VA
Nadia Bercovich, Jamaica Plain, MA

Photo and Illustration Credits

Front cover design by Andrew Barthelmes and Linsey Silver,
Front cover photos by Anette Romanenko, Monkey Business Images, Irvinocluck, Ermolenko, Tsombos Alexis, and Chester, Dreamstime.com
Page 3 Photo by William Casey; Dreamstime.com
Page 5 Photo by Joachim Angeltun; Dreamstime.com
Page 9 Photo by Natalie Yoder
Page 11 Photo by CollegeDegrees360; Flickr.com
Page 12 Photo by Patti Yoder
Page 13 Photo by Patti Yoder
Page 14 Photo by Patti Yoder
Page 15 Photo by Patti Yoder
Page 17 Illustration by Andrew Barhelmes; Peekskill, NY
Page 20 Photo by Natalie Yoder
Page 21 Photo by Linsey Silver
Page 24 Photo by Sam Chadwick; Dreamstime.com
Page 25 Photo by Edward Nicholl; Flickr.com
Page 28 Photo by Wildphotos; Dreamstime.com
Page 29 Photo by Philippe Put; Flickr.com
Page 32 Photo by Christian Schnettelker; Flickr.com
Page 33 Photo by Anatols; Dreamstime.com
Page 36 Photo by Leslie Science & Nature Center; Flickr.com
Page 37 Photo by Otnaydur; Dreamstime.com
Page 40 Photo by Siyavula Education; Flickr.com
Page 41 Photo by Monkey Business Images; Dreamstime.com
Page 44 Photo by Lars Zahner; Dreamstime.com
Page 45 Photo by Bradladora; Dreamstime.com
Page 48 Photo by Joshua Tree National Park; Flickr.com
Page 49 Photo by Jepoplin; Dreamstime.com
Page 52 Photo by Isselee; Dreamstime.com
Page 53 Photo by U.S. Fish and Wildlife Service Southeast Region; Flickr.com
Page 56 Photo by Andrew Kazmierski; Dreamstime.com
Page 57 Photo by CollegeDegrees360; Flickr.com
Page 59 Illustration by Andrew Barhelmes; Peekskill, NY
Page 62 Photo by Vangelis Liolios
Page 63 Photo by Lucélia Ribeiro; Flickr.com
Page 66 Photo by Michael Brown; Dreamstime.com
Page 67 Photo by CollegeDegrees360; Flickr.com
Page 70 Photo by Sburel; Dreamstime.com
Page 71 Photo by Andrew Kalat; Flickr.com
Page 74 Photo by Faris El-khider; Dreamstime.com
Page 75 Photo by Universe Awareness; Flickr.com
Page 78 Photo by Sonya Etchison; Dreamstime.com
Page 79 Photo by U.S. Fish and Wildlife Service Northeast Region; Flickr.com
Page 82 Photo by Sergey02; Dreamstime.com
Page 83 Photo by Shannon Fagan; Dreamstime.com
Page 86 Photo by Noel Powell; Dreamstime.com
Page 87 Photo by Bill Selak; Flickr.com
Page 90 Photo by Clearviewstock; Dreamstime.com
Page 91 Photo by Marzanna Syncerz; Dreamstime.com
Page 94 Photo by Godfer; Dreamstime.com
Page 95 Photo by Jacob Gube; Flickr.com
Page 98 Photo by Sebastian Santa; iStockphoto.com
Page 99 Photo by marin; Flickr.com
Page 101 Illustration by Andrew Barthelmes; Peekskill, NY
Page 104 Photo by Rmarmion; Dreamstime.com
Page 105 Photo by jeffreyw; Flickr.com
Page 108 Photo by Justin Houk; Flickr.com
Page 109 Photo by Madartists; Dreamstime.com
Page 112 Photo by Santanor; Dreamstime.com
Page 113 Photo by Andrew Rich; iStockphoto.com
Page 116 Photo by Davidstockphoto; Dreamstime.com
Page 117 Photo by Aidras; Dreamstime.com
Page 120 Photo by blackred; iStockphoto.com
Page 121 Photo by Milkovasa; Dreamstime.com
Page 124 Photo adapted from American Federation of Mineralogical Societies Literature
Page 125 Photo adapted from American Federation of Mineralogical Societies Literature
Page 128 Photo by Daria Filimonova; Dreamstime.com
Page 129 Photo by Scott Akerman; Flickr.com
Page 132 Photo by Steve Byland; Dreamstime.com
Page 133 Photo by Photomyeye; Dreamstime.com
Page 136 Photo by Donna Coleman; iStockphoto.com
Page 137 Photo by Vaeenma; Dreamstime.com
Page 140 Photo by Yuriy Rozhkov; Dreamstime.com
Page 141 Photo by Wicki58; iStockphoto.com
Page 143 Illustration by Andrew Barthelmes; Peekskill, NY
Page 146 Photo by Rich Legg; iStockphoto.com
Page 147 Photo by Dean Hochman; Flickr.com
Page 150 Photo by Scott Slattery; iStockphoto.com
Page 151 Photo by Dwayne Madden; Flickr.com
Page 154 Photo by Andy Melton; Flickr.com
Page 155 Photo by Msphotographic; Dreamstime.com
Page 158 Photo by James Steidl; Dreamstime.com
Page 159 Photo by Linsey Silver
Page 162 Photo by Joe Haupt; Flickr.com
Page 163 Photo by Igor Dutina; Dreamstime.com
Page 166 Photo by Deborah Dixon; Dreamstime.com
Page 167 Photo by Loren Kerns; Flickr.com
Page 170 Photo by Emilie; Flickr.com
Page 171 Photo by Monkey Business Images; Dreamstime.com
Page 174 Photo by Teekaygee; Dreamstime.com
Page 175 Photo by Cambodia4kids.org Beth Kanter; Flickr.com
Page 178 Photo by Héctor Esteban Menéndez; Flickr.com
Page 179 Photo by MachineHeadz; iStockphoto.com
Page 182 Photo by Miodrag Gajic; iStockphoto.com
Page 183 Photo by Jonatan Morellato; Dreamstime.com
Page 185 Illustration by Andrew Barthelmes; Peekskill, NY
Page 188 Photo by Fat*fa*tin; Dreamstime.com
Page 189 Photo by moodboard; Flickr.com
Page 192 Photo by Amy Meyers; Dreamstime.com
Page 193 Photo by FaceMePLS; Flickr.com
Page 196 Photo by John Fischer; Flickr.com
Page 197 Photo by Nicolas Nadjar; Dreamstime.com
Page 200 Photo by James Steidl; Dreamstime.com
Page 201 Photo by Frenk And Danielle Kaufmann; Dreamstime.com
Page 204 Photo by Adrian Fortune; Dreamstime.com
Page 205 Photo by .shock; Dreamstime.com

Glossary

Arachnids [Noun] The class of arthropods with four pairs of legs, such as a spider or a scorpion.

Boiling Point [Noun] The temperature at which a liquid starts to turn to gas. For water, it is 212° Fahrenheit or 100° Celsius.

Cell Wall [Noun] A rigid layer that is located on the outside of the plasma membrane in plant cells, but not in animal cells.

Chlorophyll [Noun] A green pigment in plants and some algae and bacteria that makes photosynthesis possible.

Chloroplast [Noun] A part of a plant cell containing chlorophyll, which carries out photosynthesis.

Cirrus [Noun] A high-altitude cloud composed of ice particles that form thin white threads or narrow bands. There are three other types of clouds: cumulus, nimbus, and stratus.

Cytoplasm [Noun] The thick solution inside a cell that holds the organelles in their places.

Erode [Verb] To be gradually worn away by natural agents, such as water or wind.

Geyser [Noun] A hot spring usually found in volcanic areas that sends a jet of hot water and steam into the air.

Meadow [Noun] An area of grassland, normally used for hay or for grazing animals.

Metamorphosis [Noun] A set of biological changes that occur during the development of certain animals. A tadpole, for example, changes into a frog; a caterpillar changes into a butterfly.

Phototropism [Noun] The reactionary movement of a plant in response to light, which results in the plant bending toward the light.

Pollination [Noun] The transferal of pollen (in most kinds of plants) to fertilize other plants of the same species.

Scales [Noun] Thin horny or bony plates that protect the skin of fish and reptiles, typically overlapping one another.

Shooting Star [Noun] A small, rapidly moving meteor that burns up as it enters the earth's atmosphere.

Speedometer [Noun] An apparatus or device that indicates the speed of a vehicle.

Trade Treaty [Noun] A contract governing trade relations between two or more countries.

Vacuole [Noun] A space or vesicle within the cytoplasm of a cell that is enclosed by a membrane and typically contains fluid.

Weather Strip [Noun] A narrow strip of material placed between a door or window sash and its frame to keep out rain, wind, cold, or snow.

Glosario

Arácnidos [Sustantivo] La clase de artrópodos con cuatro pares de patas, tal como las arañas o escorpiones.

Burlete [Sustantivo] Una tira estrecha de material colocada entre una puerta o ventana y su marco para que no entre la lluvia, viento, frío o nieve.

Cirrus [Sustantivo] Una nube en alta elevación compuesta por partículas de hielo; están hechas de filamentos delgados blancos o bandas estrechas. Existen otros tres tipos de nubes: cúmulos, nimbos y estratos.

Citoplasma [Sustantivo] El líquido espeso dentro de una célula que mantiene a los orgánulos en su sitio.

Clorofila [Sustantivo] Un pigmento verde en plantas, y algunas algas y bacterias, que hace posible la fotosíntesis.

Cloroplasto [Sustantivo] Parte de una célula vegetal que contiene clorofila, la cual lleva a cabo la fotosíntesis.

Erosionar [Verbo] Gastarse de forma gradual por agentes naturales, tales como el agua o el viento.

Escalas [Sustantivo] Placas corneas delgadas o huesudas que protegen la piel de peces y reptiles, típicamente intercaladas unas sobre otras.

Estrella fugaz [Sustantivo] Un meteoro pequeño que se mueve rápidamente y se quema al entrar en la atmósfera de la tierra.

Fototropismo [Sustantivo] El movimiento reaccionario de una planta en respuesta a la luz, la cual resulta en que la planta se doble en la dirección de la luz.

Géiser [Sustantivo] Un manantial caliente que envía un chorro de agua y vapor al aire; normalmente se encuentran en áreas volcánicas.

Metamorfosis [Sustantivo] Un conjunto de cambios biológicos que ocurren durante el desarrollo de ciertos animales. Un renacuajo, por ejemplo, se convierte en rana; una oruga se convierte en mariposa.

Pared celular [Sustantivo] Una capa rígida que está ubicada en el exterior de la membrana plasmática de las células vegetales, pero no de células de animales.

Polinización [Sustantivo] La transferencia de polen (en la mayoría de tipos de plantas) para fertilizar otras plantas de la misma especie.

Prado [Sustantivo] Un área de pasto, normalmente se usa para heno o para el pastoreo de animales.

Punto de ebullición [Sustantivo] La temperatura a la cual un líquido comienza a convertirse en gas. Para el agua es a 212° Fahrenheit or 100° Celsius.

Tratado de comercio [Sustantivo] Un contrato que gobierna las relaciones entre dos o más países.

Velocímetro [Sustantivo] Un aparato u objeto que indica la velocidad de un vehículo.

Vacuola [Sustantivo] Un espacio o vesícula dentro del citoplasma de una célula que está rodeado por una membrana y contiene líquido.

Index

L

M

O

P

R

S

T

V

W

Y

Z

Índice

A

B

C

D

E

F

G

H

I

About the Authors

Eric Yoder is a writer and editor who has been published in a variety of magazines, newspapers, newsletters, and online publications on science, government, law, business, sports, and other topics. He has contributed to or edited numerous books, mainly in the areas of employee benefits and financial planning. A reporter at *The Washington Post* who also does freelance writing and editing, he was a member of the Advisory Committee for Science, Naturally's *101 Things Everyone Should Know About Science*. He and his wife Patti have two daughters, Natalie and Valerie. Eric can be reached at *Eric@ScienceNaturally.com*.

Natalie Yoder is a college student whose favorite subjects include psychology, science, and photography. A sports enthusiast, she participates in gymnastics, field hockey, diving, soccer, and track. She also enjoys writing, being with friends and family, and listening to music. She has been interviewed several times, along with her father, on National Public Radio to talk about their work on their *One Minute Mysteries series: 65 Short Mysteries You Solve With Science!* and *65 Short Mysteries You Solve With Math!* She looks forward to writing more books. She is thinking about careers in oceanography or photography. She can be reached at *Natalie@ScienceNaturally.com.*

Sobre los Autores

Eric Yoder es un escritor y editor que ha sido publicado en una variedad de revistas, periódicos, boletines y publicaciones en línea sobre ciencias, gobierno, derecho, negocios, deportes y otros temas. Ha contribuido a, o editado, numerosos libros, principalmente en las áreas de beneficios para empleados y planificación financiera. Un reportero de *The Washington Post* que también trabaja como escritor y editor independiente, fue miembro del Comité Consultivo del libro de *Science, Naturally 101 Things Everyone Should Know About Science*. Él y su esposa Patti tienen dos hijas, Natalie y Valerie. Puede contactar a Eric en: *Eric@ScienceNaturally.com*.

Natalie Yoder es una estudiante universitaria cuyos temas favoritos incluyen la psicología, ciencias y fotografía. Entusiasta de deportes, participa en gimnasia, hockey sobre césped, buceo, fútbol y atletismo. También le gusta escribir, estar con su familia y amigos, y escuchar música. Ha sido entrevistada varias veces junto con su padre en *National Public Radio (Radio Pública Nacional)* para hablar sobre su trabajo en la serie *One Minute Mysteries: 65 Short Mysteries You Solve With Science!* y *65 Short Mysteries You Solve With Math!* Aspira a escribir más libros. Está contemplando carreras en el campo de la oceanografía o fotografía. Puede ser contactada en: *Natalie@ScienceNaturally.com.*

Readers love our books!

See what they are saying about the *One Minute Mysteries* series!

"These books skillfully mesh humor and excitement with challenging problems! While kids have fun and solve the mysteries, they actually develop important deductive reasoning skills they will use throughout their lives."

— Rachel Connelly, Ph. D., Bion R. Cram Professor of Economics, Bowdoin College

"These brainteasers are science magic! My ten-year-old grandson devoured the book. He was excited when he knew the solutions and was eager to discover the ones unknown. Clever, entertaining, and scientifically educational, readers will learn much from the concise, accurate solutions."

—Robert Fenstermacher, Ph.D.,
Robert Fisher Oxnam Professor of Science and Society, Drew University

"The stories provide a wonderful opportunity to use content, knowledge, and critical thinking. The captivating stories encourage even the most reluctant reader. A great read for kids who love science as well as a valuable resource for teachers. Science teachers will thank you for having this book in your collection!"

— Pamela K. Simmons, Library Media Connection, Recommended Title

"The mysteries are quick, yet challenging, making them a perfect fit for even the busiest schedule. Try solving just one, but watch out; you might not be able to stop!"

—Matt Bobrowsky, Ph.D., Department of Physics, University of Maryland

"Parents, if you've wondered how to help your child with science at home, these bite-sized mysteries are a surefire way to stimulate interest and ongoing conversations."

—Jan Mokros, Director, Maine Mathematics and Science Alliance

"A multitude of real-life scenarios with solutions that would make Encyclopedia Brown jealous. Parents and kids will enjoy the fun challenges, teachers will appreciate this great vehicle for teaching. In no time, you'll be thinking up your own mysteries!"

— Clay Kaufman, Co-Director, Siena School, Silver Spring, MD

Math is universal!
Why learn it just
in English?

*¡Las matemáticas
son universales!
¿Por qué aprenderlas
sólo en Inglés?*

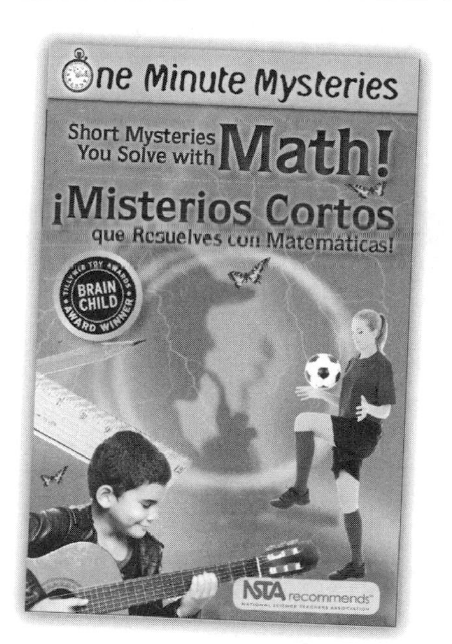

Now you can solve math mysteries in English, Spanish or both. This award-winning title, for ages 10-14, is now available as a bilingual book. Use it to expand your language and math skills at the same time!

Ahora puedes resolver misterios matemáticos en Inglés, Español, o ambos. Este título premiado, para edades de 10 a 14, está disponible como un libro bilingüe. Utilízalo para ampliar tus habilidades de lenguaje y matemáticas al mismo tiempo.

One Minute Mysteries:
Short Mysteries You Solve With Math!

Misterios de un Minuto:
¡Misterios Cortos que Resuelves con Matemáticas!

Ages 10-14
Paperback • 8.5" x 5.5"
224 Pages • $12.95
ISBN 13: 978-1-938492-22-8
E-book available

Nurtured and Nuzzled *Criados y Acariciados*

Celebrate the bond between parent and child in this stunningly illustrated, bilingual book!

¡Celebre la unión entre padre e hijo con este libro bilingüe, ilustrado asombrosamente!

"A richly illustrated exploration of the animal world that promotes attachment and vocabulary in two languages."

"It makes cuddling during story time that much sweeter!"

Paperback • Full color
Ages: 0-5 • 24 Pages • 8" x 6" • $9.95
Bilingual: English & Spanish
ISBN 13: 978-1-930775-80-0 • E-book available
Free downloadable Teacher's Guide • Audio Narrations on website

If My Mom Were a Platypus
Mammal Babies and Their Mothers

Explore the lifecycle stories of 14 mammals!

AVAILABLE IN ENGLISH AND SPANISH

With beautiful illustrations and inventive text, this fascinating introduction to mammals reveals how fourteen babies travel the path from helpless infants to self-sufficient adults.

Con hermosas ilustraciones y texto inventivo, esta fascinante introducción a los mamíferos revela cómo catorce bebés transcuren el camino de infantes indefensos a adultos auto-suficientes.

"As engaging visually as it is verbally!"

"Completely engrossing! Most readers are sure to be surprised by something they learn about these seemingly familiar animals."

Ages 8-12 • 64 pages
Paperback • 10" x 7" • $12.95
ISBN 13: 978-1-938492-11-2 (English)
ISBN 13: 978-1-930775-35-0 (Spanish)
Also in Hebrew and Dutch
E-book available in English and Spanish
Teacher-written Activity Guide and Hands-on Demonstrations Guide available for free download

Sparking curiosity through reading

Science, Naturally is an independent press located in Washington, D.C. We are committed to increasing science and math literacy by exploring and demystifying these topics in entertaining and enlightening ways. Using fictional and nonfictional forms, diverse characters, and engaging formats, we make intimidating subjects intriguing and accessible to scientists, mathematicians, and book lovers of all ages.

To ensure our books reach as many readers as possible, including those who have limited resources, we've translated them into over six languages, developed bilingual, E-Book, and braille editions, and partnered with literacy programs such as First Book.

Our Professional Development seminars and our free, supplemental educational resources give educators tools to help kids make connections between the blackboard and the blacktop. Our books have been designated as valuable supplemental resources for schools, extended learning programs, and home education alike. We are gratified by the awards, honors, and accolades we have received from literacy, education, and parenting groups. Each of our books has earned the coveted "Recommends" designation from the National Science Teachers Association.

Our content aligns with the Next Generation Science Standards and supports the Common Core State Standards. Articulations to these standards, as well as others, are available on our website.

Science, Naturally books are distributed by National Book Network. For more information about our publications, to request a catalog, or to learn more about becoming one of our authors, please give us a call or visit us online.

You might discover our books in a school, a neighborhood book box, or a literacy program; but no matter where you find them, we hope they inspire you to read, tackle hard problems, and stay curious.

Science, Naturally!
725 8th Street, SE • Washington, D.C. 20003 • Phone: 202-465-4798
Toll-free: 1-866-SCI-9876 • Fax: 202-558-2132
Info@ScienceNaturally.com • www.ScienceNaturally.com
Facebook.com/ScienceNaturally • Twitter.com/SciNaturally